原汁原味
电锅菜

生活新实用编辑部　编著

江苏凤凰科学技术出版社

·南京·

图书在版编目（CIP）数据

原汁原味电锅菜 / 生活新实用编辑部编著 . — 南京：
江苏凤凰科学技术出版社，2021.5
（寻味记）
ISBN 978-7-5713-1479-8

Ⅰ . ①原… Ⅱ . ①生… Ⅲ . ①菜谱 – 中国 Ⅳ .
① TS972.182

中国版本图书馆 CIP 数据核字（2020）第 190563 号

寻味记
原汁原味电锅菜

编　　　著	生活新实用编辑部	
责 任 编 辑	祝　萍　洪　勇	
责 任 校 对	仲　敏	
责 任 监 制	刘文洋	

出 版 发 行	江苏凤凰科学技术出版社
出版社地址	南京市湖南路 1 号 A 楼，邮编：210009
出版社网址	http://www.pspress.cn
印　　　刷	天津丰富彩艺印刷有限公司

开　　　本	718 mm×1 000 mm　1/16
印　　　张	14.5
字　　　数	200 000
版　　　次	2021 年 5 月第 1 版
印　　　次	2021 年 5 月第 1 次印刷

标 准 书 号	ISBN 978-7-5713-1479-8
定　　　价	45.00 元

图书如有印装质量问题，可随时向我社印务部调换。

用电锅无油烟轻松做菜

　　电锅除了煮饭外，还可以几道菜一起蒸、煮、炖、卤。用电锅给亲爱的家人做顿饭，真是既容易又方便，只要将食材放进内锅，在外锅加入适量水后，盖上锅盖、按下开关，时间到开关自然跳起来，完全不必担心食物会不小心烧焦。而且利用电锅蒸煮的这段时间还可以去做别的事情，完全符合现代人方便又省时的生活理念。

　　本书所使用的是隔水加热式的电锅。这种电锅利用高热的蒸汽渗透至食物内部加热，让食物在烹煮过程中不翻滚，从而保持食物原味，营养也不易流失，从而烹煮出健康的食物。此外，食物放在电锅中可以持续保温，让你不必反复加热，也能吃到热乎乎的食物。由于电锅烹饪不会制造油烟，所以电锅内锅清洗起来很方便，外锅也只需用湿布擦拭干净即可，省水、省时又省力。

　　电锅料理最适合外出求学的学生，或是租房一族，甚至一般家庭也适用，只要有一台电锅，就能煮饭、热菜，还能一锅同时做多道菜，就连餐后的甜点、汤品等也能毫不费力就轻松上桌。所以电锅可广泛运用在日常生活中，蒸煮炒煎焖炖烤，大有妙用。

温馨提示：
全书固体：1大匙≈15克，1小匙≈5克，1杯≈227克
全书液体：1大匙≈15毫升，1小匙≈5毫升，1杯≈240毫升
书中所用油若无特别说明均为色拉油，不再赘述。

目录 CONTENTS

07　　电锅烹调技巧大解析

百变家常菜，蒸煮出生活的温度

10　电锅蒸煮好吃有学问
12　粉蒸排骨
13　蒜香排骨
14　南瓜排骨
15　栗子蒸排骨、菠萝蒸仔排
16　鱼香排骨、蚝油蒸小排
17　豉汁蒸排骨
18　芋头焖排骨、芋头炖排骨
19　豆豉蒸里脊肉
20　西红柿豆腐肉片、肉酱烧土豆
21　蒜泥五花肉、竹荪蒸层肉
22　苦瓜蒸肉块
23　梅干菜烧肉、土豆咖喱牛杂
24　梅干菜蒸肉饼、碎肉豆腐饼
25　咸冬瓜酱蒸肉饼、咸蛋黄蒸肉
26　竹轮镶肉、腊肉蒸豆腐
27　辣酱蒸爆猪皮、蒸肥肠
28　红烧蹄筋
29　栗子香菇鸡、葱油鸡
30　醉鸡
31　东江盐焗鸡、照烧鸡腿
32　豆豉鸡、笋块蒸鸡
33　芋香蒸鸡腿
34　香菇香肠蒸鸡、辣酱冬瓜鸡
35　香菇蒸鸡、辣椒蒸鸡腿
36　清蒸石斑鱼
37　咸冬瓜蒸鳕鱼、红烧鱼
38　豆酥蒸鳕鱼
39　梅子蒸乌鱼
40　蒜泥鱼片、青椒鱼片
41　甜辣鱼片、塔香鱼
42　泰式蒸鱼、豆瓣蒸鱼片
43　腌梅蒸鳕鱼、鳕鱼破布子
44　清蒸三文鱼、松菇三文鱼卷

45　豆豉虱目鱼、黑椒蒜香鱼
46　豉汁蒸鱼头
47　梅干菜蒸鱼、梅子蒸鱼
48　五花肉蒸鱼、笋片蒸鱼
49　粉蒸鳝鱼、破布子鱼头
50　蒜泥虾
51　盐水虾、葱油蒸虾
52　枸杞蒸鲜虾、酸辣蒸虾
53　奶油虾仁、大蒜奶油蒸虾
54　丝瓜蒸虾
55　四味虾、五味虾仁
56　荷叶蒸虾、萝卜丝蒸虾
57　香菇镶虾浆
58　鲜虾山药球
59　圆白菜虾卷
60　绍兴煮虾、当归虾
61　烧酒虾
62　蒜味蒸孔雀贝、枸杞蒸鲜贝
63　丝瓜蛤蜊蒸粉丝
64　蚝油蒸墨鲍、鲍鱼切片
65　豉汁墨鱼仔、葱油墨鱼仔
66　虾仁茶碗蒸
67　蛤蜊蒸嫩蛋、鱼粒蒸蛋
68　海鲜蒸蛋、薰衣草蒸蛋
69　双色蒸蛋、三色蛋
70　咸冬瓜蒸豆腐、咸蛋蒸豆腐
71　豆腐虾仁
72　蒜味火腿蒸豆腐
73　咸鱼蒸豆腐、山药蒸豆腐
74　红薯土豆、椰汁土豆
75　素肉臊酱蒸圆白菜
76　开洋蒸胡瓜、蒜拌菠菜
77　彩椒鲜菇、黑椒蒸洋葱
78　干贝蒸山药

79	蒸镶大黄瓜	82	茭白夹红心
80	蒸苦瓜薄片、豆酱蒸桂竹笋	83	鸡汤苋菜
81	蒸素什锦、茄香咸鱼		

美味卤出来

86	电锅炖卤美味有学问	93	富贵猪脚
87	萝卜洋葱五花肉	94	绍兴猪脚、红仁猪脚
88	油豆腐炖肉、红曲萝卜肉	95	花生焖猪脚
89	萝卜豆干卤肉	96	胡萝卜炖牛腱、咖喱牛腱
90	笋丝控肉、肉末卤圆白菜	97	香卤牛腱
91	茶香卤鸡翅	98	香炖牛肋、莲子炖牛肋条
92	卤肉臊、卤花生	99	五香茶叶蛋

家常好汤，暖胃暖心

102	电锅煮汤好喝有学问	126	蛤蜊冬瓜鸡汤、香菇凤爪汤
103	大肠猪血汤、馄饨蛋包汤	127	白菜凤爪汤、栗子凤爪汤
104	玉米浓汤、酸辣汤饺	128	菠萝苦瓜鸡汤、竹笋鸡汤
105	冬瓜贡丸汤、玉米猪龙骨汤	129	蒜子鸡汤、蒜子蚬鸡汤
106	火腿冬瓜夹汤	130	萝卜炖鸡汤
107	萝卜排骨酥	131	牛蒡鸡汤
108	苦瓜排骨酥汤、芥菜排骨汤	132	胡椒黄瓜鸡汤
109	玉米鱼干排骨汤、海带排骨汤	133	香菇竹荪鸡汤、干贝竹荪鸡汤
110	黄瓜排骨汤、冬瓜排骨汤	134	山药乌骨鸡汤、茶油鸡汤
111	苦瓜排骨汤、青木瓜腩排汤	135	木耳鸡翅汤
112	黄花菜排骨汤、大头菜排骨汤	136	糙米浆鸡汤
113	莲藕排骨汤	137	酸菜鸭汤、姜丝豆酱炖鸭汤
114	南瓜排骨汤	138	鲜鱼味噌汤、山药鲈鱼汤
115	菜豆干排骨汤、花生米豆排骨汤	139	西红柿鱼汤
116	红白萝卜肉骨汤、糙米黑豆排骨汤	140	姜丝鲫鱼汤、蒜姜炖鳗鱼汤
117	胡椒猪肚汤、酸菜猪肚汤	141	枸杞鲜鱼汤
118	熏腿肉白菜汤、菠菜猪肝汤	142	鲜蚬汤、冬瓜干贝汤
119	罗宋汤	143	黄豆芽蛤蜊泡菜汤
120	西红柿牛肉汤、西红柿土豆牛腱汤	144	牡蛎萝卜泥汤
121	清炖牛肉汤、红烧牛肉汤	145	鱿鱼螺肉汤
122	香菇鸡汤、清炖鸡汤	146	海鲜西红柿汤、草菇海鲜汤
123	芥菜蛤蜊鸡汤、花瓜香菇鸡汤	147	泰式海鲜酸辣汤
124	芥菜鸡汤	148	青蒜西芹鸡汤
125	萝卜干鸡汤	149	萝卜荸荠汤、萝卜牛蒡汤

滋补靓汤，吃出健康好身体

152　电锅炖补药材有学问
153　药炖排骨汤、肉骨茶汤
154　苹果红枣排骨汤、淮山薏米排骨汤
155　薏米红枣鸡汤、四物排骨汤
156　香菇嫩排汤、莲子银耳瘦肉汤
157　参片瘦肉汤、淮山杏仁猪尾汤
158　四神汤
159　四神猪肚汤、山药炖小肚汤
160　当归麻油猪腰汤
161　药膳羊肉汤
162　当归羊肉汤、陈皮红枣羊肉汤
163　麻油鸡汤

164　香菇参须鸡翅汤、薏米莲子凤爪汤
165　柿饼炖鸡汤
166　杏汁鸡汤
167　党参黄芪炖鸡汤、冬瓜荷叶鸡汤
168　八宝鸡汤
169　牛奶脯鸡汤、仙草鸡汤
170　狗尾草鸡汤、何首乌鸡汤
171　金线莲鸡汤、人参枸杞鸡汤
172　姜母鸭汤、当归鸭汤
173　白菜枸杞鳗鱼汤、枸杞鲜鱼汤
174　当归鳗鱼汤、赤小豆冬瓜煲鱼汤
175　药膳虱目鱼汤、黑豆鲫鱼汤

菜饭粥不用等，一步到"胃"

178　电锅煮菜饭好吃有学问
180　上海菜饭
181　五谷杂粮饭、五色养生饭
182　芋头红薯饭、杂菇养生饭
183　南瓜鸡肉蔬菜饭、鸡肉五谷米菜饭
184　金枪鱼鸡肉饭、鸡肉蛋盖饭
185　山药牛肉菜饭、蚝油牛肉菜饭
186　腊肉蔬菜饭
187　泰式虾仁菜饭、三文鱼菜饭
188　港式咸鱼菜饭、金枪鱼蔬菜饭
189　圆白菜饭、金针菇菜饭
190　芦笋蛤蜊饭、胡萝卜吻仔鱼菜饭
191　香菜蟹肉饭、海鲜蒸饭
192　鲷鱼咸蛋菜饭
193　翡翠坚果菜饭
194　双色西蓝花饭、燕麦小米饭

195　甜椒玉米菜饭、菠菜发芽米饭
196　红豆薏米饭、桂圆红枣饭
197　豆芽海带芽饭、海苔芝麻饭
198　茄子饭、胡萝卜饭
199　台式油饭
200　樱花虾米饭、羊肉米饭
201　桂圆紫米饭、红曲甜米饭
202　白粥、吻仔鱼粥
203　小米粥、排骨稀饭
204　人参红枣鸡粥
205　排骨燕麦粥
206　银耳莲子粥、绿豆小薏米粥
207　燕麦甜粥、红豆荞麦粥
208　八宝粥
209　红糖桂圆粥、紫米莲子甜粥

甜点点心一锅搞定

212　红豆汤、红豆汤圆汤
213　绿豆汤、绿豆薏米汤
214　花生汤、牛奶花生汤
215　红枣炖南瓜、花生仁炖百合
216　姜汁红薯汤、芋头西米露
217　冰糖莲子汤、枸杞桂圆汤
218　紫山药桂圆甜汤、银耳红枣桂圆汤
219　糯米百合糖水、百合莲枣茶
220　红薯年糕甜汤、冰糖炖雪梨
221　菠萝银耳羹、酒酿汤圆

222　糖水豆花、冰糖炖木瓜
223　黑糖糕、肉松咸蛋糕
224　大理石发糕
225　抹茶红豆发糕、金黄乳酪发糕
226　马拉糕、葡萄干布丁
227　杏仁水果冻、薄荷香瓜冻
228　麻糬
229　绿豆雪糕、西米水晶饼
230　窝窝头
231　港式萝卜糕、红豆年糕

电锅烹调技巧 大解析

好用的电锅，是很多人都很喜欢的厨房用品，不过对于如何用对技巧烹饪，很多人都一知半解。"怎样根据料理的分量来加水？""内锅怎么摆才对？"……，如果这些问题让您感到疑惑，那么就从现在开始，用心地学习以下的电锅烹调技巧吧！学会后，一定可以让您在制作电锅料理时事半功倍！

1. 加水量影响炖煮时间长短

因为电锅是借由水蒸煮间接加热法烹调，所以外锅水量的多少，除了直接影响炖煮时间的长短外，也会影响食物的美味，通常1/2量杯的水，可以蒸10分钟，1杯水可蒸15~20分钟，2杯水则可蒸30~40分钟，如果炖煮不易熟的食材，可以增加外锅的水量，以延长炖煮时间，但是续加水时，一定要用热水，以免锅内温度骤降，影响烹调时间与味道，此外，调味料，如盐等在起锅前加最好。

2. 依照面食特点，决定入锅时机

如用电锅蒸煮生的包子、馒头等发酵的料理时，要等到外锅里的水沸腾，锅子冒出蒸汽后放入。

3. 内锅宜放入外锅正中央

这是因为如果将内锅偏于一侧，煮出来的食物会受热不平均，且其锅盖上的水蒸气，会在蒸煮时，沿着靠外锅壁的内锅，流入内锅的料理中，这样易使料理走味。

4. 依食材易熟度，调整加热时间

首先，在外锅加入足够的冷水。如果是不易熟的食材，可以先加热炖煮，待开关跳起后，再加入易熟的食材，并在外锅添加足够的热水，等到开关第二次跳起即完成。

5. 内锅要配合外锅的高度

不要使用超过外锅高度过高的内锅，以免锅盖盖上后无法密合，且加热后，产生于锅盖内的蒸汽，更会流入内锅中，使饭菜失去应有的风味。

6. 用于保温料理，不宜超过12小时

用电锅为料理保温时，不要将饭勺、汤匙等器具放于锅内，且要盖好锅盖，以免饭菜走味，保温时间最好不要超过12小时。

百变家常菜，蒸
煮出生活的温度
ELECTRIC POT

几乎所有家常菜都可以用电锅来做。电锅最原始的功能是蒸与煮，本篇就是采用这两种烹饪方式，加上一些烹调小技巧与调味方式，做出一道道诱人的佳肴。即使只是蒸煮，变化也能如此之多，电锅可真是厨房必备的烹饪器具。

电锅蒸煮 好吃有学问

肉类蒸煮秘诀

氽烫
蒸煮前先用开水氽烫，不仅可以去除血水杂质，还可锁住肉类的肉汁，增添美味。

切块、片
将肉类于蒸煮前先切成块或片状，除了可以使腌制更容易入味，也能节省烹调时间。

腌制
将要蒸煮的肉类，先与酱料一起搅拌均匀，并静置5～10分钟入味，再蒸煮，味道更棒。

辛香料
一般肉类都会有肉腥味，而辛香料可以去腥，其中最常用的大蒜和红辣椒除了能去腥之外，还具有增添菜肴颜色和杀菌等功效。

焖锅
在蒸煮肉类时，当开关跳起或煮滚后，可用余温再稍微焖一下，这样能让肉吃起来软嫩多汁。

捞泡
在蒸煮肉类时，通常会产生杂质泡沫，起锅前可用汤匙捞除，避免其破坏菜肴的色香味。

海鲜蒸煮秘诀

解冻
有些海鲜是冷冻保存的，在烹调前要先冲冷水，或者直接浸泡在冷水中，让它完全解冻后再处理。

吸干
在蒸海鲜之前，可先用厨房纸巾把水分吸干，再腌制或铺上蒸酱，可避免多余的水分破坏海鲜的鲜味。

腌制
蒸煮海鲜之前，先将海鲜食材与酱料搅拌均匀，并静置5～10分钟入味，这样蒸煮出来的味道会更棒。

调味料
有的人不擅长烹调海鲜，是因为不知如何处理海鲜腥味，其实只要加入米酒与香油，就能有效去除海鲜腥味，并增添其鲜香味。

包膜
在蒸海鲜前，保鲜膜需封紧，避免过多水蒸气破坏海鲜的鲜味，封紧的海鲜蒸出来会是真空状态。

起锅时间
当电锅开关跳起或煮滚后，就要马上起锅，避免海鲜蒸煮过熟，失去弹性，吃起来不够可口。

蔬食蒸煮秘诀

刨丝切块
蒸煮蔬食前，先将比较难熟的根茎类蔬菜，刨丝或切块，可节省烹调时间，也能避免将食材蒸煮过熟而不好吃。

过油
蔬食蒸煮前，先过油除了可以让食材定色，还可以避免食材糊化，这样才能蒸煮出好看又好吃的蔬食。

水量
入电锅煮时，要让水量与食材匹配，水量高度超过食材，才能让食材均匀受热。

去蒂
在处理会滚动的蔬果时，可以先去蒂，这样就能将食材平放在砧板上，剖开切块，避免不小心切到手。

下锅顺序
下锅煮时，按照食材特性依序下锅，可避免食材有的已软烂有的还不熟，这样才能吃到蔬食的爽脆。

冷发泡
泡发香菇等干货时，最好用冷水，因为热水会破坏干货特有的香味，减弱烹调后食材的香气。

蛋、豆腐蒸煮秘诀

洗蛋
煮蛋前，用冷水将蛋壳上的杂质洗干净，可使煮出来的蛋更卫生。

检查
可以先把蛋单独敲在碗里一一检查，避免都放在一起，使得好的蛋被某一颗坏的蛋污染。

用冷水
煮蛋时，不要一开始就用热水来煮，因为蛋壳碰到热水易破裂，用冷水慢慢煮至水滚才能煮出漂亮的水煮蛋。

过筛
蒸蛋前，将打匀的蛋液先用筛子过筛，可以减少打蛋时产生的泡沫以及没混合均匀的调味料，能让蒸出来的蛋好看又好吃。

去泡
将蛋液倒入容器时，有时还会产生气泡，这时候可用牙签挑除气泡，这样就能使蒸出来的蛋表面平滑。

包膜
包保鲜膜蒸豆腐时需留出空间，避免蒸的过程中，豆腐被热气压扁，影响美观。

11

粉蒸排骨

材料 ingredient

排骨·················· 300克
蒜末·················· 20克
姜末·················· 10克
荷叶·················· 1张
蒸肉粉·················· 3大匙
水·················· 50毫升

调味料 seasoning

辣椒酱·············· 1大匙
酒酿·················· 1大匙
甜面酱·············· 1小匙
白砂糖·············· 1小匙
香油·················· 1大匙

做法 recipe

1. 排骨洗净，剁小块，沥干水分（见图1）。
2. 将排骨及姜末、蒜末、水与除香油外的所有调味料一起拌匀，腌制约5分钟（见图2）。
3. 在腌好的排骨中加入蒸肉粉拌匀，倒上香油。荷叶放入滚沸的水中烫软，捞出洗净，备用（见图3）。
4. 将荷叶摊开，放入蒸肉粉裹好的排骨（见图4），再将荷叶包起，置于盘中。将盘子放入电锅内，外锅加1.5杯水，蒸约30分钟后取出，打开荷叶即可。

蒜香排骨

材料 ingredient

排骨	200克
蒜末	40克
葱段	适量
水	2大匙

调味料 seasoning

酱油	2大匙
白砂糖	1小匙
淀粉	1小匙
米酒	1大匙
香油	1小匙
油	1大匙

做法 recipe

1. 电锅外锅倒入1大匙油烧热，放入蒜末，以小火爆香至呈金黄色，盛出即为蒜酥。
2. 排骨洗净，剁小块，沥干水分。将排骨、蒜酥、水及其余调味料一起拌匀后放入盘中。
3. 电锅外锅洗净后，加1杯水，放入做法2的盘子。
4. 按下开关，蒸至开关跳起后撒上葱段即可。

小常识

电锅除了炖煮外，也可以用来炒菜，外锅加水待热后，放入内锅就可以了，如果电锅外锅很干净，也可以直接把外锅当炒锅用，不过记住炒完后要将外锅洗净。

南瓜排骨

材料 ingredient

排骨200克、南瓜200克、蒜末10克、水4大匙

调味料 seasoning

盐1/3小匙、白砂糖1小匙、米酒1大匙、香油1小匙

做法 recipe

1. 排骨洗净，剁小块，沥干水分；南瓜去皮去籽后洗净，切小块，备用。
2. 将排骨块、南瓜块、蒜末、水及所有调味料一起拌匀后放入盘中。
3. 电锅外锅加1杯水，放入盘子，按下开关，蒸至开关跳起即可。

栗子蒸排骨

材料 ingredient

排骨250克、栗子10颗、莲子50克、胡萝卜10克、竹笋120克

调味料 seasoning

鸡精1小匙、酱油1小匙、米酒1大匙、盐少许、白胡椒粉少许、香油1小匙

做法 recipe

1. 将排骨洗净，切成小块，再放入滚水中汆烫，去除血水后捞起备用。
2. 将栗子、莲子放入容器中泡水约5小时，再将栗子以纸巾吸干水分，放入约190℃的油锅中，炸至金黄色备用。
3. 竹笋、胡萝卜洗净切块备用。
4. 取一盘，加入排骨、栗子、莲子、竹笋、胡萝卜，再加入所有的调味料拌匀。
5. 用耐热保鲜膜将盘口封起来，放入电锅中，在外锅加1.5杯水，蒸约22分钟即可。

菠萝蒸仔排

材料 ingredient

仔排200克、菠萝罐头230克、玉米笋3根、香菇2朵、蒜2瓣

调味料 seasoning

黄豆酱适量

做法 recipe

1. 将仔排洗净，切成小块，放入滚水中汆烫，去除血水后捞起备用。
2. 将玉米笋切段，香菇切成4瓣，蒜瓣切片，菠萝滤去水分后留果肉备用。
3. 取一盘，加入仔排、玉米笋、香菇、蒜片、菠萝，再放入黄豆酱。
4. 用耐热保鲜膜将盘口封起来，放入电锅中，在外锅加1.5杯水，约蒸20分钟即可。

鱼香排骨

<u>材料 ingredient</u>

小排300克、蒜末30克、姜末30克

<u>调味料 seasoning</u>

A. 盐1/8小匙、白砂糖1/6小匙、淀粉1小匙、水20毫升、米酒1大匙

B. 辣椒酱1大匙、酱油1小匙、白醋1小匙、白砂糖1小匙、水30毫升、淀粉1/2小匙、香油10毫升

<u>做法 recipe</u>

1. 小排剁小块，冲水洗去血水后沥干。
2. 将沥干后的排骨及调味料A一起拌匀，腌制5分钟后装盘备用。
3. 将调味料B及蒜末、姜末拌匀成酱汁，淋至做法2的排骨上。
4. 在电锅外锅加1杯水，放入做法3的盘子，按下开关，蒸至开关跳起即可。

蚝油蒸小排

<u>材料 ingredient</u>

小排300克、姜末1小匙、蒜末1大匙、葱末1小匙、辣椒末1小匙

<u>调味料 seasoning</u>

蚝油2大匙、香油1小匙、淀粉1大匙

<u>做法 recipe</u>

1. 小排切块，冲水洗净，沥干水分；剩余材料与调味料混合均匀备用。
2. 将混合后的调味料放入小排中搅拌均匀，腌制约30分钟至入味。
3. 将腌制好的排骨放入蒸盘中，取一电锅，于外锅加1.5杯水，放入蒸盘，将小排蒸熟即可。

豉汁蒸排骨

材料 ingredient

腩排·······················300克
豆豉····························1大匙
陈皮末····················1/2小匙
蒜末····························1大匙
葱花····························1小匙

调味料 seasoning

蚝油····························1大匙
酱油····························1小匙
白砂糖··························1小匙
盐·····························1/2小匙
油·····························1大匙

做法 recipe

1. 腩排剁小块，在水中浸泡约30分钟去腥，再洗净沥干备用。
2. 豆豉泡水10分钟后沥干、切碎；陈皮末泡水至软，备用。
3. 热锅加1大匙油，放入蒜末以小火炸至金黄，再放入豆豉碎、陈皮末略炒后取出，与其余调味料拌匀，加入腩排腌制约30分钟备用。
4. 将腌制好的腩排放入电锅中，外锅加1杯水，蒸约20分钟，取出后撒上葱花即可。

芋头焖排骨

材料 ingredient

排骨200克、芋头200克、蒜末10克、辣椒片10克、水4大匙

调味料 seasoning

盐1/3小匙、白砂糖1小匙、米酒1大匙、香油1小匙

做法 recipe

1. 排骨洗净，剁小块沥干；芋头去皮切小块，备用。
2. 将排骨、芋头块、蒜末、辣椒片、水及所有调味料一起拌匀后放入盘中。
3. 电锅外锅加1杯水，放入盘子，按下开关，蒸至开关跳起即可。

芋头炖排骨

材料 ingredient

排骨500克、芋头块200克、青葱段适量、水500毫升

调味料 seasoning

盐1/4小匙

做法 recipe

1. 将排骨洗净剁小块，沥干备用。
2. 取电锅内锅，放入排骨、芋头块、青葱段、水和调味料。
3. 将内锅放入电锅中，外锅加4杯水，按下电锅开关，煮至开关跳起且芋头软化即可。

🍲 小常识

芋头处理起来可能有些麻烦，建议可以直接在超市或菜市场里买炸过的芋头，和排骨一起炖煮，不仅味道更香，也更容易入味。

豆豉蒸里脊肉

材料 ingredient

猪里脊肉·· 2片
蒜··· 3瓣
青葱··· 1棵
红辣椒·· 1/3个

调味料 seasoning

豆豉酱·· 适量

做法 recipe

1. 将猪里脊肉用拍肉器稍微拍打，再用菜刀去筋备用。
2. 蒜、红辣椒切片，青葱切段备用。
3. 取一盘，放入猪里脊肉，再放上蒜片、红辣椒片、青葱段与豆豉酱，用耐热保鲜膜将盘口封起来。
4. 将盘子放入电锅中，于外锅加1杯水，蒸约15分钟至熟即可。

西红柿豆腐肉片

材料 ingredient

老豆腐	200克
肉片	60克
西红柿	100克
葱段	适量

调味料 seasoning

番茄酱	1大匙
盐	1/4小匙
白砂糖	1/2小匙

做法 recipe

1. 老豆腐切丁，将豆腐氽烫约10秒后沥干装盘备用。
2. 西红柿切片，与肉片及所有调味料拌匀后放至做法1的豆腐上。
3. 电锅外锅加1/2杯水，放入做法2的盘子，按下开关，蒸至开关跳起后撒上葱段即可。

肉酱烧土豆

材料 ingredient

土豆	2个
罐头肉酱	1小罐

做法 recipe

1. 土豆洗净，去皮切条（见图1）。
2. 将土豆条间隔错开堆放在略有深度的盘子中。
3. 打开罐头肉酱，以汤匙挖取出来均匀撒在土豆上（见图2）。
4. 在电锅外锅中加1杯水（见图3），放入做法3（见图4）的盘子，按下电锅开关，蒸至开关跳起即可。

蒜泥五花肉

材料 ingredient

五花肉·················· 300克
蒜泥·················· 1/2小匙
番茄酱·················· 1/4小匙

调味料 seasoning

香油·················· 1/4小匙
酱油·················· 1小匙

做法 recipe

1. 将五花肉加入少许水放入电锅内，外锅加3杯水，按下电锅开关，煮至开关跳起，待五花肉软化时取出切片盛盘。
2. 将蒜泥、蕃茄酱以及调味料混合拌匀，再搭配做法1的五花肉一同食用。

竹荪蒸层肉

材料 ingredient

三层肉（五花肉）200克、竹笋50克、胡萝卜10克、蒜2瓣、竹荪3根

调味料 seasoning

米酒1大匙、香油1小匙、鸡精1小匙、盐少许、白胡椒粉少许

做法 recipe

1. 将三层肉、竹笋切成片状，再放入滚水中汆烫去除表面脏污，捞起备用。
2. 胡萝卜、蒜切片；将竹荪泡入水中至软，去沙备用。
3. 将汆烫好的三层肉与竹笋放入盘中，并放入所有材料和调味料。
4. 用耐热保鲜膜将盘口封起来，放入电锅中，于外锅加1杯水，蒸约15分钟即可。

苦瓜蒸肉块

材料 ingredient

五花肉⋯⋯⋯⋯⋯⋯250克
苦瓜⋯⋯⋯⋯⋯⋯ 1/3个
梅干菜⋯⋯⋯⋯⋯ 50克

调味料 seasoning

酱油⋯⋯⋯⋯⋯⋯ 1小匙
白砂糖⋯⋯⋯⋯⋯ 1小匙
盐⋯⋯⋯⋯⋯⋯⋯⋯少许
白胡椒粉⋯⋯⋯⋯⋯少许
香油⋯⋯⋯⋯⋯⋯ 1小匙

做法 recipe

1. 五花肉切块，放入滚水中汆烫，去除血水后捞起备用。
2. 苦瓜洗净去籽切块；梅干菜泡入水中去除盐味，再切块备用。
3. 取一盘，将五花肉、苦瓜、梅干菜与所有调味料一起加入。
4. 用耐热保鲜膜将盘口封起来，放入电锅中，于外锅加1.5杯水，蒸约20分钟至熟即可。

梅干菜烧肉

材料 ingredient

五花肉600克、梅干菜120克、蒜5瓣、辣椒1个、水适量（可没过电锅中食材）

调味料 seasoning

酱油1大匙、米酒2大匙、香油1大匙、鸡精1大匙、白砂糖1小匙、色拉油少许

做法 recipe

1. 五花肉洗净切块，梅干菜洗净切段，蒜拍裂，辣椒切丁，备用。
2. 电锅预热，在外锅中加少许色拉油，放入蒜、辣椒炒出香气来，再加入五花肉。
3. 盖上锅盖焖一下，将五花肉煮到表面泛白。
4. 打开锅盖，加入做法1的梅干菜以及其余调味料，再加水至没过食材，盖上锅盖，焖煮35~40分钟即可。

土豆咖喱牛杂

材料 i ngredient

土豆·················· 150克
胡萝卜·················· 150克
洋葱·················· 50克
牛杂·················· 300克
咖喱块·················· 适量

做法 recipe

1. 土豆、胡萝卜去皮切块，洋葱切片，牛杂用热水冲烫，备用。
2. 将所有材料放入电锅中，加入可没过材料的水，外锅加2杯水，盖上盖子、按下开关，待开关跳起，将咖喱块用少量热水融开，再加入电锅中搅拌均匀。
3. 在外锅加1/2杯水，盖上盖子、按下开关，待开关跳起即可。

梅干菜蒸肉饼

材料 ingredient
猪肉泥300克、姜末10克、葱末10克、鸡蛋1个、梅干菜50克

调味料 seasoning
盐1/4小匙、鸡精1/4小匙、白砂糖1小匙、酱油1小匙、米酒1小匙、白胡椒粉1/2小匙、香油1大匙

做法 recipe
1. 梅干菜用水泡约1小时后，洗去细沙，再用开水汆烫约1分钟后，冲凉挤干水分切碎备用。
2. 猪肉泥放入容器中，加入盐、鸡精、白砂糖、酱油、米酒、白胡椒粉及鸡蛋拌匀后，将50毫升水加入搅拌至水分被肉泥吸收。
3. 继续于猪肉泥中加入葱末、姜末、梅干菜碎及香油，拌匀后将肉馅装盘。
4. 电锅外锅加1杯水，放入做法3的盘子，按下开关，蒸至开关跳起后即可。

碎肉豆腐饼

材料 ingredient
猪肉泥300克、老豆腐150克、荸荠50克、姜末10克、葱末10克、鸡蛋1个

调味料 seasoning
盐3克、鸡精4克、白砂糖5克、酱油10毫升、米酒10毫升、白胡椒粉1/2小匙、香油1小匙

做法 recipe
1. 荸荠拍破后切碎，老豆腐入锅汆烫约10秒后冲凉压成泥，备用。
2. 猪肉泥放入容器中，加盐后搅拌至有黏性。
3. 在搅拌好的猪肉泥中加入鸡精、白砂糖及鸡蛋，拌匀后，将50毫升水分2次加入，一边加水一边搅拌至水分被肉泥吸收。
4. 在腌制好的猪肉泥中再加入荸荠碎、豆腐泥、葱末、姜末及其他调味料，拌匀后将肉馅分成10份，压成饼状放入盘中。
5. 电锅外锅加1杯水，放入做法4的盘子，按下开关，蒸至开关跳起即可。

咸冬瓜酱肉饼

材料 ingredient
猪肉泥……………… 350克
蒜…………………………3瓣
红辣椒………………… 1/3个
香菜…………………………1棵
淀粉…………………………1大匙

调味料 seasoning
咸冬瓜酱……………… 适量

做法 recipe
1. 将蒜、红辣椒、香菜洗净后切碎备用。
2. 取一个容器，放入淀粉、猪肉泥，再加入蒜碎、红辣椒碎、香菜碎和咸冬瓜酱搅拌均匀。
3. 将搅拌好的猪肉泥捏成圆形，放入盘中，用耐热保鲜膜将盘口封起来，再放入电锅中。
4. 在外锅加1杯水，蒸约15分钟即可。

注：可加上葱丝、红辣椒丝及香菜装饰。

咸蛋黄蒸肉

材料 ingredient
咸鸭蛋黄2个、猪肉泥200克、葱花5克

调味料 seasoning
胡椒粉1/4小匙、米酒2大匙

做法 recipe
1. 咸鸭蛋黄留下1/2个，剩余的压碎备用。
2. 取一容器，将猪肉泥、压碎的咸鸭蛋黄、葱花和所有调味料混合拌匀，在中间放上剩余的1/2个咸鸭蛋黄，盖上保鲜膜。
3. 将容器放入电锅中，外锅加2杯水，按下电锅开关，蒸至开关跳起，取出撒上葱花（分量外）即可。

🍲 小常识
现成肉泥可以制作的料理相当多样，可以加些现成的调味料放入电锅中蒸，或是捏成丸子放入平底锅中直接干煎，都是方便又下饭的家常料理。

竹轮镶肉

材料 ingredient

竹轮(小)12个、肉泥150克、胡萝卜10克、荸荠2个、姜5克、葱10克

调味料 seasoning

酱油1大匙、白砂糖1小匙、盐1小匙、米酒1大匙

做法 recipe

1. 胡萝卜切末，荸荠拍碎，姜、葱切末，备用。
2. 将肉泥、盐、姜末、葱末、荸荠碎、米酒一起搅成肉浆，放入塑料袋中，挤成圆锥形，底部剪一小洞。
3. 取一个竹轮，将做法2的肉浆挤入竹轮中，将12个竹轮镶肉都做好后，依次排入蒸盘，倒入酱油、白砂糖，放入电锅中，外锅加1杯水，按下开关，蒸至开关跳起即可。

腊肉蒸豆腐

材料 ingredient

老豆腐······ 200克
腊肉······ 60克
姜丝······ 10克
辣椒丝······5克

调味料 seasoning

蚝油······1小匙
白砂糖······1/2小匙
绍兴酒······1大匙

做法 recipe

1. 老豆腐切小片，腊肉切丝，备用。
2. 将做法1的老豆腐汆烫约10秒后沥干装盘备用。
3. 将腊肉丝与姜丝、辣椒丝摆放至豆腐上，再将所有调味料拌匀后淋至豆腐上。
4. 电锅外锅加1/2杯水，放入盘子，按下开关，蒸至开关跳起即可。

辣酱蒸爆猪皮

材料 ingredient

爆猪皮·················· 80克
白萝卜·················· 100克
蒜末·················· 20克
姜末·················· 20克
葱丝·················· 适量

调味料 seasoning

辣椒酱·················3大匙
蚝油·················1大匙
白砂糖·················1小匙
香油·················1大匙

做法 recipe

1. 爆猪皮泡热水约5分钟至软后切小块，白萝卜去皮后洗净切厚片，备用。
2. 将爆猪皮、白萝卜片、蒜末、姜末及所有调味料一起拌匀后放入盘中。
3. 电锅外锅加1杯水，放入盘子，按下开关，蒸至开关跳起撒上葱丝即可。

蒸肥肠

材料 ingredient

肥肠·················· 300克
笋块·················· 适量
蒜末·················1大匙
辣椒末·················1/2小匙
姜末·················1/2小匙
葱末·················1小匙

调味料 seasoning

沙茶酱·················1大匙
蚝油·················3大匙

做法 recipe

1. 肥肠洗净，放入滚水中氽烫后捞起、切片备用。
2. 将剩余材料与所有调味料混合均匀后，加入肥肠片一起搅拌均匀，放入盘中。
3. 在电锅外锅加2.5杯水，放入盘子，蒸至肥肠软化即可。

红烧蹄筋

材料 ingredient

泡发蹄筋	160克
草菇	30克
甜豆	10克
胡萝卜	10克
姜	30克
葱	10克
水	50毫升

调味料 seasoning

蚝油	1大匙
白砂糖	1/2小匙
鸡精	1小匙
米酒	1大匙
香油	少许
水淀粉	少许
油	少许

做法 recipe

1. 泡发蹄筋、草菇洗净，甜豆去粗丝，胡萝卜洗净去皮切片；姜洗净切片；葱洗净切段，备用。
2. 电锅预热，外锅加入少许油，放入葱段、姜片炒出香气，再加入胡萝卜片、甜豆、草菇、蹄筋炒匀，盖上锅盖焖2分钟。
3. 加入蚝油、白砂糖、鸡精、米酒调味，加入50毫升水炒匀，盖上锅盖焖2~3分钟。
4. 打开锅盖，加入少许水淀粉勾薄芡，起锅前加少许香油提味即可。

栗子香菇鸡

材料 ingredient

土鸡腿··························1只
泡发香菇·····················3朵
干栗子·····················80克
姜末··························5克
辣椒··························1个

调味料 seasoning

蚝油·····················3大匙
白砂糖·····················1小匙
淀粉·······················1小匙
米酒·······················1大匙
香油·······················1小匙

做法 recipe

1. 土鸡腿洗净剁小块，干栗子用开水泡30分钟后去碎皮，泡发香菇切小块，辣椒切片，备用。
2. 将鸡肉块、栗子、香菇块、辣椒片、姜末及所有调味料一起拌匀后放入盘中。
3. 电锅外锅加1杯水，放入盘子。
4. 按下开关，蒸至开关跳起即可。

葱油鸡

材料 ingredient

鸡腿··························1个
青葱丝·····················10克
辣椒丝·······················2克
姜丝·························2克

调味料 seasoning

盐······················1/2小匙
胡椒粉··················1/4小匙
香油····················1/2小匙

做法 recipe

1. 将鸡腿洗净沥干，均匀抹上调味料放至盘中，再放入电锅中，外锅加2杯水，按下电锅开关，蒸至开关跳起，取出放凉再切块盛盘。
2. 将青葱丝、辣椒丝、姜丝和香油拌匀，淋至鸡块上，再放入电锅中，外锅加1/2杯水，按下开关焖约1分钟即可。

醉鸡

材料 ingredient

土鸡腿·················550克
铝箔纸·················· 1张

调味料 seasoning

A. 盐 ············· 1/6小匙
   当归 ············· 3克
B. 绍兴酒 ····· 300毫升
   水 ············· 200毫升
   枸杞子 ··········· 5克
   盐 ············· 1/4小匙
   鸡精 ············· 1小匙

做法 recipe

1. 土鸡腿去骨，在内均匀洒上1/6小匙的盐，再用铝箔纸卷成圆筒状，开口卷紧。
2. 电锅外锅加1.5杯水，放入蒸架，将鸡腿卷放入，按下开关，蒸至开关跳起，取出放凉。
3. 当归切小片，与所有调味料B煮开约1分钟后放凉成汤汁。
4. 将蒸熟的鸡腿撕去铝箔浸泡入汤汁中，冷藏一夜后切片即可。

东江盐焗鸡

材料 ingredient

土鸡腿1只、葱30克、姜25克、八角2颗、花椒粉1/4小匙、沙姜粉1/4小匙、水50毫升

调味料 seasoning

盐1小匙、鸡精1/2小匙、白砂糖1/6小匙、白胡椒粉1/6小匙、料酒1大匙

做法 recipe

1. 土鸡腿洗净，在腿内骨头两侧用刀划深约1厘米的切痕备用。
2. 将葱、姜及八角拍破，放入盆中，加入所有调味料及水、花椒粉、沙姜粉，并用手抓至葱、姜味道渗出。
3. 在盆中放入鸡腿并用葱、姜等香料和水搓揉至鸡腿入味，腌制约20分钟。
4. 电锅外锅加1杯水，放入蒸架，将腌制好的鸡腿连同酱汁一起放入，按下开关，蒸至开关跳起。
5. 取出鸡腿并滤去葱、姜及香料渣，留下干净的汤汁作为淋汁，将鸡腿切块后淋上汁即可。

照烧鸡腿

材料 ingredient

无骨鸡腿··················2只
鲜香菇··················5朵

调味料 seasoning

照烧酱··················2大匙
米酒····················1杯
色拉油················ 少许

做法 recipe

1. 鸡腿洗净，用纸巾吸干水分，鲜香菇洗净，备用。
2. 将内锅放入电锅中，外锅加少许水，按下开关加热，待内锅热后放入少许色拉油，加入鸡腿煎到两面焦黄(煎出的多余鸡油倒掉)。
3. 在煎好的鸡腿中加入鲜香菇、照烧酱及米酒，外锅加1杯水，盖上锅盖蒸约15分钟，蒸至酱汁收干即可。

豆豉鸡

材料 ingredient

土鸡腿1只、豆豉20克、姜末5克、蒜酥5克、辣椒末5克

调味料 seasoning

蚝油1大匙、白砂糖1小匙、淀粉1/2小匙、米酒1大匙、香油1小匙

做法 recipe

1. 鸡腿洗净剁小块，豆豉洗净切碎，备用。
2. 将鸡块及豆豉碎、蒜酥、辣椒末、姜末及所有调味料一起拌匀后放入盘中。
3. 电锅外锅加1杯水，放入盘子，按下开关，蒸至开关跳起即可。

笋块蒸鸡

材料 ingredient

土鸡腿300克、绿竹笋200克、泡发香菇2朵、姜末5克、辣椒1个

调味料 seasoning

白砂糖1/4小匙、蚝油2大匙、淀粉1/2小匙、米酒1大匙、香油1小匙

做法 recipe

1. 鸡腿洗净剁小块，绿竹笋削去粗皮切小块，泡发香菇洗净切小块，辣椒洗净切片，备用。
2. 将鸡肉块、竹笋块、香菇块、辣椒片、姜末及所有调味料一起拌匀后，放入盘中。
3. 电锅外锅加1杯水，放入盘子，按下开关，蒸至开关跳起即可。

芋香蒸鸡腿

材料 ingredient

芋头······················ 200克
西蓝花·················· 100克
蒜···························· 3瓣
鸡腿························· 1个
玉米笋···················适量

调味料 seasoning

鸡精······················ 1小匙
酱油······················ 1小匙
米酒······················ 1大匙
盐··························少许
白胡椒粉·················少许

做法 recipe

1. 芋头削皮洗净，切小块（见图1），再放入200℃的油锅中炸成金黄色备用（见图3）。
2. 鸡腿切大块，放入滚水中氽烫过水（见图2），捞起备用。
3. 玉米笋切小段，西蓝花切小朵，洗净备用。
4. 取一盘，将芋头、鸡腿、竹笋与所有的调味料一起加入（见图4~5），再用耐热保鲜膜将盘口封住，放入电锅中。电锅外锅加1.5杯水，蒸15分钟后加入西蓝花，续蒸5分钟即可。

香菇香肠蒸鸡

材料 ingredient

干香菇·····················5朵
台式香肠·················2根
土鸡去骨鸡腿···········1只
姜·······················3片

调味料 seasoning

酱油·····················1大匙
米酒·····················1大匙

做法 recipe

1. 干香菇洗净泡水至软，切片；台式香肠切片；鸡腿切片加酱油，米酒拌匀，腌10分钟，备用。
2. 将所有材料混合好，放入蒸碗中，再放入电锅，外锅加1杯水，盖上锅盖，按下开关，待开关跳起即可。

辣酱冬瓜鸡

材料 ingredient

土鸡腿················· 350克
冬瓜·················· 400克
姜丝·················· 10克

调味料 seasoning

辣椒酱·················2大匙
盐·····················1/8小匙
米酒·················· 30毫升
白砂糖·················1小匙

做法 recipe

1. 将鸡腿剁小块，冬瓜洗净去皮切小块，备用。
2. 在上述材料中加入姜丝及所有调味料拌匀后放入碗中。
3. 电锅外锅加1杯水，放入碗，盖上锅盖后按下开关，待开关跳起后再焖约10分钟即可。

香菇蒸鸡

材料 ingredient

带骨土鸡腿········· 约300克
干香菇·················· 6朵
葱段·················· 15克
淀粉··················1小匙
水····················2大匙

调味料 seasoning

蚝油··················1大匙
盐···················· 1/2小匙
白砂糖··············· 1/4小匙

做法 recipe

1. 鸡腿剁小块、洗净沥干，加入淀粉、水、所有调味料，腌制约20分钟，备用。
2. 干香菇泡水至软，去蒂、切斜片，备用。
3. 将做法2的香菇平铺于盘内，再放上做法1的鸡腿块，放入电锅中，外锅加1杯水，蒸约15分钟后取出，撒上葱段即可。

辣椒蒸鸡腿

材料 ingredient

鸡腿·····················2个
剥皮辣椒··············· 4个
蒜·····················3瓣
姜···················· 4片
剥皮辣椒腌汁···········2大匙

做法 recipe

1. 鸡腿剁小块，放入滚水中氽烫后捞起，沥干后放入蒸盘备用，蒜切片。
2. 将剥皮辣椒切段，均匀地撒在鸡腿块上，再铺上蒜片、姜片后淋上剥皮辣椒腌汁。
3. 电锅外锅加1杯水，放入蒸盘，待鸡腿块蒸熟后取出即可。

 小常识

剥皮辣椒腌汁已经有相当的咸度，此外鸡腿肉的味道也会完全释放，因此这道菜不需要添加很多调味料就让人着迷了！

清蒸石斑鱼

材料 ingredient

石斑鱼1条（约700克）、葱4根、姜30克、红辣椒1个

调味料 seasoning

A. 蚝油1大匙、酱油2大匙、水150毫升、白砂糖1大匙、白胡椒粉1/6小匙

B. 米酒1大匙、色拉油100毫升

做法 recipe

1. 石斑鱼洗净，沿着鱼背鳍从鱼头到鱼尾纵切一刀深至龙骨，将切口处向下置于蒸盘上（鱼身下要横垫一根筷子以利蒸汽穿透）。

2. 将2根葱洗净、切段拍破，10克姜去皮、切片，铺在鱼身上，鱼身淋上米酒，移入电锅，外锅加2杯水，蒸至开关跳起，取出装盘，葱姜及蒸鱼水弃置不用。

3. 将另2根葱及20克姜、红辣椒切细丝铺在鱼身上，烧热色拉油淋至葱姜上。

4. 将调味料A煮开后淋在鱼上即可。

咸冬瓜蒸鳕鱼

材料 ingredient
鳕鱼1块（约200克）、咸冬瓜2大匙、葱1根、红辣椒1个

调味料 seasoning
米酒1大匙

做法 recipe
1. 鳕鱼块清洗后放入蒸盘，葱切丝，红辣椒切丝，备用。
2. 咸冬瓜铺在鳕鱼片上，淋上米酒，放入电锅中，外锅加1杯水，盖上锅盖后按下开关，待开关跳起，取出，撒上葱丝、辣椒丝即可。

🍲 小常识
清蒸鱼时最重视调味了，用咸冬瓜最好，口味适宜又方便。

红烧鱼

材料 ingredient
鲜鱼1条（约160克）、葱2根、姜15克、辣椒1个、水2大匙

调味料 seasoning
酱油1大匙、白砂糖1/2小匙、米酒1小匙、淀粉1/6小匙、香油1小匙

做法 recipe
1. 鲜鱼洗净，在鱼身两侧各划2刀，划深至骨头处但不切断，置于盘上备用。
2. 将葱洗净切小段、辣椒洗净切条、姜洗净切丝铺至鲜鱼上，再将水与所有调味料调匀后，淋至鲜鱼上。
3. 将盘放入电锅中，外锅加1杯水，按下开关，蒸至开关跳起取出即可。

豆酥蒸鳕鱼

材料 ingredient

鳕鱼 … 1块（约200克）
葱……………………… 1根
蒜……………………… 2瓣
红辣椒…………… 1/3个
豆酥……………… 100克

调味料 seasoning

香油……………… 1大匙
盐…………………少许
白胡椒粉……………少许
米酒……………… 1大匙

做法 recipe

1. 鳕鱼洗净（见图1），用餐巾纸吸干水分备用（见图2）。
2. 将葱、蒜、红辣椒洗净切碎备用。
3. 取一个炒锅，先加入香油，放入蒜碎、葱碎、红辣椒碎、豆酥及其余调味料，炒至香味释放出来后关火备用（见图3~4）。
4. 将鳕鱼放入盘中，再将炒好的豆酥均匀裹在鳕鱼上面（见图5）。
5. 将做法4的鳕鱼用耐热保鲜膜将盘口封起来，放入电锅，外锅加1杯水，蒸约15分钟至熟即可。

梅子蒸乌鱼

材料 ingredient

乌鱼… 1条（约800克）
葱段…………………… 1根
腌制紫苏梅（无甜） 5颗
葱花………………… 1小匙
淀粉………………… 1小匙
水………………… 50毫升

调味料 seasoning

盐………………… 1/4小匙
酱油………………… 1小匙
白砂糖……………… 2小匙
米酒………………… 1大匙

做法 recipe

1. 乌鱼清理干净，鱼身两面各划3刀；取一盘，放上葱段，再放上乌鱼，备用。
2. 紫苏梅去核、抓烂，加入淀粉、水、所有调味料一起拌匀，淋在乌鱼上，鱼盘放入电锅中，外锅加1杯水，按下开关，蒸至开关跳起取出，撒上葱花即可。

蒜泥鱼片

材料 ingredient

草鱼肉150克、葱花15克、蒜泥15克、辣椒末5克、水1大匙、开水1大匙

调味料 seasoning

米酒1小匙、酱油膏2大匙、白砂糖1小匙、香油1小匙

做法 recipe

1. 将草鱼肉洗净，切成厚约1厘米的鱼片，排放至盘中备用。
2. 米酒及水混合后淋至切好的鱼片上，放入电锅中，外锅加1/2杯水，按下开关，蒸至开关跳起取出。
3. 将开水与其余调味料混合调匀，加入葱花、蒜泥及辣椒末拌匀后，淋至鱼片上即可。

青椒鱼片

材料 ingredient

鲷鱼肉120克、青椒60克、辣椒1个、姜15克、水1大匙

调味料 seasoning

盐1/6小匙、鸡精1/6小匙、白砂糖1/8小匙、米酒1小匙、淀粉1/6小匙

做法 recipe

1. 将鲷鱼肉切成厚约1厘米的鱼片，青椒切小块，辣椒与姜切小片，备用。
2. 将所有调味料与水、做法1的材料一起拌匀后，排放至盘中。
3. 盘子放入电锅中，外锅加1/2杯水，按下开关，蒸至开关跳起取出即可。

甜辣鱼片

材料 ingredient

鲷鱼肉·················· 150克
葱花···················· 15克
水······················1大匙
开水····················1大匙

调味料 seasoning

米酒····················1小匙
泰式甜辣酱··············3大匙

做法 recipe

1. 将鲷鱼肉洗净，切成厚约1厘米的鱼片，排放至盘中。
2. 米酒及水混合后，淋至切好的鱼片上。
3. 放入电锅中，外锅加1/2杯水，蒸至开关跳起取出，再将泰式甜辣酱与开水混和调匀，淋至鱼片上，最后撒上葱花即可。

塔香鱼

材料 ingredient

草鱼肉·············· 约150克
罗勒叶·············· 10克
蒜酥·················· 20克
辣椒末················5克
水·····················1大匙

调味料 seasoning

乌醋····················1大匙
白砂糖··················1小匙
色拉油··················2大匙

做法 recipe

1. 草鱼肉洗净后划2刀，置于盘上备用。
2. 将罗勒叶切碎，加入蒜酥、辣椒末、水及所有调味料，拌匀后淋至鱼身上。
3. 鱼盘放入电锅中，外锅加1/2杯水，蒸至开关跳起取出即可。

泰式蒸鱼

材料 ingredient
鲜鱼1条（约230克）、西红柿90克、柠檬1/2个、蒜末5克、香菜6克、辣椒1个

调味料 seasoning
鱼露1大匙、白醋1小匙、盐1/4小匙、白砂糖1/2小匙

做法 recipe
1. 鲜鱼处理好洗净，在鱼身两侧各划2刀，划深至骨头处，但不切断，置于盘上；柠檬榨汁；西红柿切丁；香菜、辣椒切碎，备用。
2. 将蒜末、柠檬汁、西红柿丁、香菜碎、辣椒碎及所有调味料一起拌匀后，淋至鲜鱼上。
3. 电锅外锅加1杯水，放入蒸架，将做法2的鲜鱼置于架上，盖上锅盖，按下开关，蒸至开关跳起即可。

豆瓣蒸鱼片

材料 ingredient
鲷鱼片1片（约200克）、姜5克、蒜3瓣、红辣椒1/3个

调味料 seasoning
豆瓣酱1大匙、酱油1小匙、香油1小匙、盐少许、白胡椒粉少许、米酒1大匙

做法 recipe
1. 将鲷鱼片洗净，再切大块备用。
2. 姜切成丝状，蒜、红辣椒切成片备用。
3. 取一容器，将所有的调味料加入，混合拌匀备用。
4. 取一盘，把切好的鱼片放入，再放入做法2的材料与做法3的调味料。
5. 用耐热保鲜膜将盘口封住，再放入电锅中，在外锅加2/3杯水，蒸约10分钟至熟即可。

腌梅蒸鳕鱼

材料 ingredient

鳕鱼········ 1块（约200克）
葱段····················· 适量
葱丝····················· 适量
姜丝····················· 适量
紫苏梅················· 3~4颗

调味料 seasoning

盐·····················1小匙
米酒···················1大匙
梅汁···················1大匙

做法 recipe

1. 将鳕鱼洗净沥干，抹上盐及米酒。
2. 蒸盘中铺上葱段再放上鳕鱼片、紫苏梅，淋上梅汁。
3. 电锅外锅加1杯水，将蒸盘放入电锅蒸至开关跳起。
4. 起锅后撒上姜丝、葱丝即可。

鳕鱼破布子

材料 ingredient

鳕鱼1片（约200克）、破布子（树子）适量葱丝少许、姜丝少许、红辣椒丝少许、姜片2片

调味料 seasoning

香油少许、酒1大匙、盐1/2小匙

做法 recipe

1. 鳕鱼洗净，用酒、盐及姜片腌约10分钟后取出，用纸巾吸去多余水分备用。
2. 将腌好的鳕鱼摆盘，倒入破布子，撒上少许姜丝。
3. 电锅外锅加1杯开水，按下开关，盖上锅盖，待蒸汽冒出后，掀盖将鱼盘放入其中，蒸约5分钟，再掀盖撒上葱丝、剩余姜丝、红辣椒丝，续蒸30秒取出，淋上少许香油即可。

清蒸三文鱼

材料 ingredient
三文鱼1片（约200克）、姜4片、姜丝10克、葱丝10克、辣椒丝10克

调味料 seasoning
蒸鱼酱油1大匙、米酒1小匙、色拉油2大匙

做法 recipe
1. 姜片铺在蒸盘上，再放上洗净的三文鱼片，淋上米酒。
2. 将蒸盘放入电锅中，外锅加1杯水，蒸至开关跳起，取出蒸盘，将盘中的水倒掉，并将姜片挑除。
3. 在蒸熟的三文鱼片上放姜丝、葱丝、辣椒丝，淋上蒸鱼酱油备用。
4. 将色拉油放入炒锅中加热至沸腾，淋在葱丝上即可。

松菇三文鱼卷

材料 ingredient
三文鱼300克、柳松菇100克、芦笋150克

调味料 seasoning
高汤1大匙、蚝油1大匙、味酥1小匙、白砂糖少许、香油少许、淀粉少许

做法 recipe
1. 三文鱼切成约0.5厘米厚、6厘米长的薄片；柳松菇去尾洗净；芦笋切后段，保留前段有花部分约15厘米，洗净备用。
2. 将所有调味料拌匀成酱汁备用。
3. 取一片三文鱼片，放上5朵柳松菇，卷起固定，重复此步骤至材料用毕，将松菇三文鱼卷接缝处朝下摆盘，再将做法1的芦笋间隔摆在每个松菇三文鱼卷之间。
4. 电锅外锅加1杯开水，按下开关，盖上锅盖，待蒸汽冒出后，将盘放入其中蒸约5分钟，掀盖淋上做法2的酱汁，盖上锅盖，再蒸1分钟即可。

豆豉虱目鱼

材料 ingredient

虱目鱼肚1片（约220克）、姜丝10克、蒜末10克、辣椒1个、葱花10克、水2大匙

调味料 seasoning

豆豉25克、蚝油2小匙、酱油1大匙、米酒1小匙、白砂糖1小匙

做法 recipe

1. 虱目鱼肚洗净，置于蒸盘上，辣椒切丝备用。
2. 豆豉洗净沥干，与姜丝、蒜末、辣椒丝、水及其余调味料一起拌匀，淋至虱目鱼肚上。
3. 电锅外锅加1杯水，放入蒸架将蒸盘置于架上，盖上锅盖，按下开关，蒸至开关跳起，取出蒸盘撒上葱花即可。

黑椒蒜香鱼

材料 ingredient

草鱼肉片⋯⋯⋯⋯⋯ 120克
蒜酥⋯⋯⋯⋯⋯⋯⋯ 25克
水⋯⋯⋯⋯⋯⋯⋯⋯1大匙

调味料 seasoning

色拉油⋯⋯⋯⋯⋯⋯1大匙
黑胡椒⋯⋯⋯⋯⋯⋯1/2小匙
乌醋⋯⋯⋯⋯⋯⋯⋯1小匙
番茄酱⋯⋯⋯⋯⋯⋯1小匙
白砂糖⋯⋯⋯⋯⋯⋯1/2小匙
米酒⋯⋯⋯⋯⋯⋯⋯1小匙

做法 recipe

1. 草鱼肉片洗净，置于蒸盘上备用。
2. 将蒜酥、水及所有调味料拌匀后淋至草鱼肉片上。
3. 蒸盘放入电锅中，外锅加1杯水，蒸至开关跳起取出即可。

豉汁蒸鱼头

材料 ingredient

鲢鱼头1/2个（约600克）、葱2根、姜20克、蒜20克、红辣椒2个、豆豉30克、水1大匙

调味料 seasoning

A. 蚝油1大匙、酱油1大匙、白砂糖1小匙、淀粉1小匙、米酒1小匙
B. 色拉油1.5大匙

做法 recipe

1. 鱼头洗净，以厨房纸巾擦干，剁小块放入蒸盘中备用。
2. 豆豉洗净，姜、蒜去皮，红辣椒洗净去蒂及籽，全部切碎一起放入碗中，加入水及调味料A拌匀成蒸酱。
3. 将蒸酱淋在做法1的鱼头上，蒸盘放入电锅中，外锅加1.5杯热水，煮至开关跳起取出。
4. 将葱洗净、切细，均匀撒在蒸好的鱼头上，再淋上烧热的色拉油即可。

梅干菜蒸鱼

材料 ingredient

鲜鱼1条（约160克）、梅干菜40克、姜末5克、蒜末10克、辣椒末5克、水1大匙

调味料 seasoning

A.蚝油1小匙、酱油1小匙、白砂糖1/2小匙、米酒1小匙
B.香油1大匙

做法 recipe

1. 鲜鱼处理好洗净，在鱼身两侧各划2刀，划深至骨头处，但不切断，置于蒸盘上备用。
2. 梅干菜以清水泡发，洗净、沥干、切碎，与姜末、蒜末、辣椒末、水及调味料A一起拌匀，淋至鲜鱼上。
3. 电锅外锅加1杯水，放入蒸架，将蒸盘放置架上，盖上锅盖，按下开关，蒸至开关跳起。
4. 取出蒸盘，再淋上香油即可。

梅子蒸鱼

材料 ingredient

虱目鱼肚1块（约200克）、腌梅6颗、姜30克、红辣椒1个

调味料 seasoning

鱼露1小匙、蚝油1小匙、白砂糖1大匙

做法 recipe

1. 虱目鱼肚洗净，以厨房纸巾擦干备用。
2. 红辣椒洗净去蒂及籽后切碎，姜去皮切细丝，腌梅去核后抓碎，备用。
3. 将做法2的食材与所有调味料一起拌匀，备用。
4. 将鱼放入蒸盘中，在鱼身上加入拌好的调味料，封上保鲜膜，放入电锅中，外锅加1杯热水，按下开关，煮至开关跳起取出，撕去保鲜膜即可。

五花肉蒸鱼

材料 ingredient

鲜鱼1条（约300克）、五花肉丝30克、榨菜丝20克、姜10克、葱2根、水1大匙

调味料 seasoning

酱油1小匙、蚝油1/2小匙、白砂糖1/2小匙、米酒1小匙

做法 recipe

1. 鲜鱼洗净，以厨房纸巾擦干，葱洗净、切细，备用。
2. 姜去皮切丝，与榨菜丝、五花肉丝、水及所有调味料一起拌匀备用。
3. 将鱼放入蒸盘中，鱼身上加入做法2拌好的调味料，封上保鲜膜，放入电锅中，外锅加1.5杯热水，按下开关，煮至开关跳起取出，撕去保鲜膜，撒上葱花即可。

笋片蒸鱼

材料 ingredient

鲷鱼·····················　200克
竹笋1根（可用市售沙拉笋）

调味料 seasoning

蚝油······················1大匙
白砂糖················1/4小匙
酒·······················1大匙
姜末················1/2小匙
辣椒末··············1/4小匙

做法 recipe

1. 将鱼肉切成片，调味料混合均匀备用。
2. 竹笋放入电锅中，外锅加1杯水，蒸熟后取出，切成与鱼片同等大小的薄片备用。
3. 取做法1的鱼片与做法2的笋片依次交错排放于蒸盘中，最后均匀淋上调味料。
4. 电锅外锅加1杯水，再将蒸盘放入电锅中，按下开关，蒸至开关跳起即可。

粉蒸鳝鱼

材料 ingredient

鳝鱼150克、葱1根、蒜末20克

调味料 seasoning

A. 辣椒酱 …………………1大匙
   酒酿 ……………………1大匙
   酱油 ……………………1小匙
   白砂糖 …………………1小匙
   蒸肉粉 …………………2大匙
   香油 ……………………1大匙
B. 香醋 ……………………1大匙

做法 recipe

1. 鳝鱼洗净沥干，切成长约5厘米的片；葱洗净切丝，备用。
2. 将做法1的鳝鱼片、蒜末与调味料A一起拌匀后，腌制约5分钟后装盘。
3. 电锅外锅加1杯水，放入蒸架，将做法2的鳝鱼片置于架上，盖上锅盖，按下开关，蒸至开关跳起，取出撒上葱丝，淋上香醋即可。

破布子鱼头

材料 ingredient

鲢鱼头… 1/2个（约100克）
姜末………………… 10克
葱花………………… 15克

调味料 seasoning

破布子（连汤汁）……5大匙
白砂糖………………1/4小匙
米酒…………………1小匙
香油…………………1/4小匙

做法 recipe

1. 鲢鱼头洗净，置于蒸盘上。
2. 将姜末、葱花及所有调味料调匀后，淋至做法1的鲢鱼头上。
3. 蒸盘放入电锅中，外锅加1.5杯水，按下开关，蒸至开关跳起后取出即可。

蒜泥虾

材料 ingredient

草虾……………… 10只
蒜泥………… 2大匙
葱花…………… 10克
水………………… 1大匙
开水………… 1小匙

调味料 seasoning

米酒………… 1小匙
酱油………… 1大匙
白砂糖……… 1小匙

做法 recipe

1. 草虾洗净、剪掉长须，用刀在虾背由虾头直剖至虾尾处，但腹部不切断，且留下虾尾不摘除。
2. 将虾的肠泥去除洗净后，排放至蒸盘上备用。
3. 将调味料B与开水混合成酱汁备用。
4. 蒜泥、水与米酒混合后，淋至虾上，蒸盘放入电锅中，外锅加1/2杯水，按下开关，蒸至开关跳起后取出，淋上做法3的酱汁，撒上葱花即可。

盐水虾

材料 ingredient

草虾·························· 20只
青葱·························· 2根
姜······························ 25克
水······························ 2大匙

调味料 seasoning

盐································ 1小匙
米酒···························· 1小匙

做法 recipe

1. 草虾洗净，剪掉长须置于蒸盘中；青葱洗净切段；姜洗净切片，备用。
2. 将葱段与姜片铺于草虾上。
3. 将水与所有调味料混合均匀淋至草虾上。
4. 蒸盘放入电锅中，外锅加1/2杯水，按下开关，蒸至开关跳起后取出，挑去葱姜、倒去盐水即可。

葱油蒸虾

材料 ingredient

虾仁··················· 120克
葱丝··················· 30克
姜丝··················· 15克
辣椒丝················· 15克
水······················ 2大匙

调味料 seasoning

蚝油···················· 1小匙
酱油···················· 1小匙
白砂糖················· 1小匙
色拉油················· 2大匙
米酒···················· 1小匙

做法 recipe

1. 虾仁洗净，排放于蒸盘上备用。
2. 将色拉油、葱丝、姜丝及辣椒丝拌匀，再加入水及其余调味料拌匀，淋至虾仁上。
3. 电锅外锅加1/2杯水，放入蒸架后将蒸盘置于架上，盖上锅盖，按下开关，蒸至开关跳起即可。

枸杞蒸鲜虾

材料 ingredient
草虾200克、姜10克、蒜3瓣、枸杞子1大匙、青葱1根

调味料 seasoning
米酒2大匙、盐少许、白胡椒粉少许、香油1小匙

做法 recipe
1. 将草虾洗净，剪去须，再于背部划刀，去肠泥备用。
2. 姜洗净切成丝，蒜切片，青葱洗净切末，枸杞子泡入水中至软备用。
3. 取一容器，放入姜丝、蒜片、葱末、枸杞子和所有调味料，搅拌均匀备用。
4. 将草虾整齐排于蒸盘中，再加入做法3的拌料，用耐热保鲜膜将盘口封住。
5. 将蒸盘放入电锅中，于外锅加1杯水，蒸约12分钟即可。

酸辣蒸虾

材料 ingredient
鲜虾·····················12只
辣椒·····················4个
蒜·······················4瓣
柠檬·····················1个
水·······················1大匙

调味料 seasoning
鱼露·····················1大匙
白砂糖···················1/4小匙
米酒·····················1小匙

做法 recipe
1. 鲜虾洗净，剪掉须置于蒸盘中，柠檬榨汁，辣椒及蒜切碎，与柠檬汁、水及所有调味料拌匀，淋至鲜虾上，并用保鲜膜封好。
2. 电锅外锅加1/2杯水，放入蒸架，将蒸盘置于架上，盖上锅盖，按下开关，蒸至开关跳起即可。

奶油虾仁

材料 ingredient

虾仁	150克
蒜	20克
洋葱	40克
西蓝花	40克
水	1大匙

调味料 seasoning

无盐奶油	2小匙
盐	1/4小匙
白砂糖	1/6小匙

做法 recipe

1. 虾仁洗净沥干，蒜切片，洋葱洗净切丝，西蓝花洗净切小块，备用。
2. 将所有材料及所有调味料拌匀后装入蒸盘。
3. 蒸盘放入电锅中，外锅加1/2杯水，按下开关，蒸至开关跳起取出即可。

大蒜奶油蒸虾

材料 ingredient

草虾	12只
大蒜奶油酱	适量
巴西里	少许

做法 recipe

1. 草虾洗净剪须，去肠泥，背部剖开但不切断，使之成蝴蝶状；巴西里洗净切碎，备用。
2. 将大蒜奶油酱抹在排列在蒸盘中的虾肉上。
3. 蒸盘放入电锅，外锅加1/2杯水，盖锅盖后按下开关。
4. 蒸至开关跳起后，撒上少许巴西里末即可。

 小常识

　　市售的大蒜奶油酱不是只能抹在土司面包上，抹在虾肉上再以电锅蒸熟，就颇有西餐中烤虾的滋味了！

丝瓜蒸虾

材料 ingredient

虾仁············· 100克
丝瓜············· 1根
姜丝············· 10克
水·············· 1大匙

调味料 seasoning

A. 盐 ········ 1/4小匙
　 白砂糖 ······ 1/2小匙
　 米酒 ········ 1小匙
B. 香油 ········ 1小匙

做法 recipe

1. 丝瓜用刀刮去表面粗皮，洗净对剖成4瓣，切去带籽部分后，切成小段，排放于蒸盘上；虾仁洗净、备用。
2. 将虾仁摆在丝瓜上，再将姜丝排放于虾仁上；将水与调味料A调匀淋在虾仁上，用保鲜膜封好。
3. 电锅外锅加1/2杯水，放入蒸架，将蒸盘置于架上，盖上锅盖，按下开关，蒸至开关跳起，取出后淋上香油即可。

四味虾

材料 ingredient

草虾300克、姜2片

调味料 seasoning

米酒1大匙、四色调味酱适量

做法 recipe

1. 草虾挑去肠泥，剪去须洗净，用剪刀从虾背剪开，再用姜片、米酒浸泡约10分钟取出，放入蒸碗中备用。
2. 电锅外锅加1/2杯开水，按下开关，盖上锅盖，待蒸汽冒出后，掀盖将蒸碗移入电锅中，蒸5分钟取出，食用前依个人喜好蘸取四色调味酱即可。

这个四色调味酱是一虾四吃的另类做法，调制起来并不难，将所需的材料搅拌均匀即可。
姜醋酱：水果醋1/2大匙、白砂糖1/2大匙、姜汁1/2大匙、香油1小匙、酱油1/2小匙
芥末酱：酱油1小匙、芥末1大匙、香油1小匙、醋1/2小匙
五味酱：番茄酱1大匙、蒜末1小匙、甜辣酱1小匙、醋1/2小匙、鱼露2滴、白砂糖1小匙、酱油1小匙、辣椒末1小匙
蚝油蒜味酱：蒜末1/2大匙、蚝油1大匙、香油1小匙、高汤1小匙

五味虾仁

材料 ingredient

虾仁120克、葱花12克、蒜末10克、水1大匙

调味料 seasoning

A. 番茄酱2大匙、乌醋2小匙、白砂糖2小匙、辣椒酱1小匙、香油1小匙
B. 米酒1小匙

做法 recipe

1. 虾仁洗净沥干，葱花、蒜末及调味料A调匀成五味酱，备用。
2. 虾仁装蒸盘，淋上水及米酒。
3. 蒸盘放入电锅中，外锅加1/3杯水，蒸至开关跳起取出蒸盘，淋上五味酱即可。

荷叶蒸虾

材料 ingredient
荷叶·····················1片
沙虾·················· 600克
姜····················· 4片
葱····················· 4段

调味料 seasoning
米酒·····················1大匙

做法 recipe
1. 荷叶用水煮至软化后取出沥干备用。
2. 将沙虾、葱段、姜片均匀铺在荷叶上，并淋上米酒，再将荷叶四角往内包裹放于蒸盘上。
3. 将蒸盘放于电锅中，外锅加0.8杯水，放入荷叶包蒸至熟，将蒸熟的荷叶包打开即可，可蘸芥茉酱油食用。

🍚 小常识
虾是易熟的海鲜食材，因此蒸煮的时候外锅加入的水量要注意，以免过熟让虾肉变得干涩。

萝卜丝蒸虾

材料 ingredient
虾仁150克、白萝卜50克、辣椒1个、葱1根、水1大匙

调味料 seasoning
A. 蚝油　·················1小匙
　酱油　·················1小匙
　白砂糖　··············1小匙
　米酒　·················1小匙
B. 香油　·················1小匙

做法 recipe
1. 虾仁洗净，排放于蒸盘上；白萝卜去皮，与洗净的葱、辣椒一起切丝，备用。
2. 将白萝卜丝与辣椒丝排放于虾仁上，再将水与调味料A调匀后淋上。
3. 电锅外锅加1/2杯水，放入蒸架，将蒸盘置于架上，盖上锅盖，按下开关，蒸至开关跳起取出，将葱丝撒至虾仁上，再淋上香油即可。

香菇镶虾浆

材料 ingredient

虾仁·········· 150克
鲜香菇·········· 10朵
葱花·········· 20克
姜末·········· 10克

调味料 seasoning

A. 盐 ········1/4小匙
　鸡精 ········1/4小匙
　白砂糖 ···1/4小匙
B. 淀粉 ······ 1大匙
　香油 ······ 1大匙

做法 recipe

1. 虾仁挑去肠泥、洗净、沥干水分，用刀背拍成泥，加入葱花、姜末及调味料A搅拌均匀，再加入调味料B，拌匀成虾浆，冷藏备用。
2. 鲜香菇泡水约5分钟，挤干水分，平铺于蒸盘上，底部向上，再撒上一层薄薄的淀粉（分量外）。
3. 将做法1的虾浆平均置于做法2的鲜香菇上，均匀抹成小丘状，重复此动作至材料用毕。
4. 电锅外锅加1/2杯水，放入蒸架，将蒸盘置于架上，盖上锅盖，按下开关，蒸至开关跳起即可。

鲜虾山药球

材料 ingredient

虾	300克
山药	200克
玉米粉	1小匙
面包粉	1大匙

调味料 seasoning

盐	1小匙
鸡精	1/2小匙
米酒	少许
淀粉	少许

做法 recipe

1. 取虾6只去壳但保留尾部，洗净挑去肠泥，再以纸巾吸去多余的水分，以米酒及淀粉稍微抓一下，取出沥干；其余虾全部去壳，并挑去泥肠，剁成泥备用。
2. 山药削去外皮，洗净后剁成泥，放入蒸盘中备用。
3. 电锅外锅加1/2杯开水，按下开关，盖上锅盖，待蒸汽冒出后，掀盖将蒸盘放入其中，蒸5分钟后取出备用。
4. 将虾泥、蒸熟的山药泥及其余调味料一起拌匀，再拌入玉米粉及面包粉，最后捏成6个球并摆盘，再放上做法1的6只虾备用。
5. 倒掉蒸山药泥时电锅外锅的水，再加1/2杯开水于外锅中，按下开关，盖上锅盖，待蒸汽冒出后，掀盖将做法4的蒸盘放入电锅内蒸5分钟即可。

圆白菜虾卷

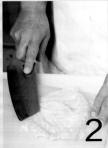

材料 ingredient

虾仁·················· 150克
圆白菜················· 1棵
葱花·················· 20克
姜末·················· 10克

调味料 seasoning

A. 盐 ··········· 1/4小匙
　 鸡精 ········· 1/4小匙
　 白砂糖 ······ 1/4小匙
B. 淀粉 ··········· 1大匙
　 香油 ··········· 1大匙

做法 recipe

1. 圆白菜挖去心后，一片片取下尽量保持完整，取下约6片，氽烫约1分钟后，再浸泡冷水（见图1）。
2. 将圆白菜叶沥干，将较硬的叶茎处拍破（见图2）；虾仁去肠泥洗净、沥干，拍成泥备用（见图3）。
3. 将虾泥加入葱花、姜末及调味料A搅拌均匀，再加入淀粉及香油拌成虾浆（见图4），冷藏备用。
4. 将圆白菜叶摊开，虾浆平均置于叶片1/3处，卷成长筒状排放于蒸盘上，重复此动作至材料用毕（见图5）。
5. 电锅外锅加1杯水，放入蒸架，将蒸盘置于架上，盖上锅盖，按下开关，蒸至开关跳起即可。

绍兴煮虾

材料 ingredient
白虾600克、姜片20克、水500毫升

调味料 seasoning
绍兴酒4大匙、盐2小匙

药材 flavoring
当归8克、川芎8克、枸杞子10克、参须10克、红枣20克、黑枣20克

做法 recipe
1. 将药材用清水浸泡约10分钟。
2. 用剪刀从白虾背部剪开，去除肠泥及头部尖端的刺，清水洗净备用。
3. 电锅内锅加入水、姜片、药材、盐、绍兴酒及白虾，外锅加1杯水，按下开关，煮至开关跳起即可。

当归虾

材料 ingredient
鲜虾·························· 300克
当归··························5克
枸杞子···················· 8克
姜片·························· 15克
水··························· 800毫升

调味料 seasoning
盐······················· 1/2小匙
米酒·······················1小匙

做法 recipe
1. 鲜虾洗净、剪掉长须，置于电锅内锅中，再将当归、枸杞子、米酒与姜片、水一起放入内锅。
2. 电锅外锅加1杯水，放入内锅，盖上锅盖，按下开关，蒸至开关跳起。
3. 取出煮好的鲜虾，加盐调味即可。

烧酒虾

材料 ingredient

鲜虾…………… 500克
姜片…………… 10克
水…………… 500毫升

药材 flavoring

当归…………… 3克
枸杞子………… 5克
红枣…………… 5颗

调味料 seasoning

米酒………… 100毫升
白砂糖………… 1小匙
盐…………1/2小匙

做法 recipe

1. 鲜虾去除肠泥，剪去须；所有药材稍微洗过后沥干，备用。

2. 将所有材料、药材、米酒放入电锅内锅，外锅加1/2杯水（分量外），盖上锅盖，按下开关，待开关跳起，加入其余调味料即可。

蒜味蒸孔雀贝

材料 ingredient

孔雀贝300克、罗勒3棵、姜10克、蒜3瓣、红辣椒1/3个

调味料 seasoning

酱油1小匙、香油1小匙、米酒2大匙、盐少许、白胡椒粉少许

做法 recipe

1. 孔雀贝洗净，放入滚水中汆烫过水备用。
2. 将姜、蒜、红辣椒都洗净切成片，罗勒洗净备用。
3. 取一个容器，加入所有的调味料，混合拌匀备用。
4. 将孔雀贝放入蒸盘中，再放入所有材料和调味料。
5. 用耐热保鲜膜将盘口封起，放入电锅中，在外锅加1杯水，按下开关，蒸约15分钟至熟即可。

枸杞蒸鲜贝

材料 ingredient

扇贝8个、姜末6克、枸杞子20克

调味料 seasoning

盐适量、柴鱼素适量、米酒3小匙

做法 recipe

1. 用清水冲洗扇贝上的泥沙，去除内脏，备用。
2. 枸杞子用清水略为清洗，用米酒浸泡10分钟至软，再加入姜末混合。
3. 将混合好的材料分成八等份，平均放置在处理好的扇贝上，再撒上盐与柴鱼素。
4. 将扇贝依序排放于蒸盘中，再放入电锅内，外锅加1/2杯水，按下开关，煮至开关跳起即可。

丝瓜蛤蜊蒸粉丝

材料 ingredient

丝瓜	300克
蛤蜊	150克
细粉丝	50克
袖珍菇	50克
姜片	15克
酒水	适量
水	100毫升

调味料 seasoning

盐	2克
米酒	15毫升
风味素	2克

做法 recipe

1. 丝瓜去皮，切成厚约0.5厘米的圆片；蛤蜊吐沙后洗净；细粉丝清水浸泡至软，沥干后切适当长段；袖珍菇用酒水（浓度15%）洗净，备用。
2. 取一稍有深度的蒸盘，依序放入细粉丝、丝瓜片、蛤蜊、袖珍菇与姜片。
3. 将水与所有调味料混合均匀后淋于做法2的蒸盘上。
4. 电锅外锅加2杯水，盖上锅盖，按下开关，煮至冒出蒸汽，放入蒸盘蒸约10分钟即可。

小常识

调味料中的风味素，一般指的就是海带、柴鱼、干贝、鸡精、香菇粉这一类粉状的调味料，依个人喜好使用。

蚝油蒸墨鲍

材料 ingredient
墨西哥鲍鱼1个、葱1根、蒜2瓣、杏鲍菇1个

调味料 seasoning
蚝油1大匙、盐少许、白胡椒粉少许、米酒1小匙、香油1小匙、白砂糖1小匙

做法 recipe
1. 墨西哥鲍鱼洗净，切成片备用。
2. 葱洗净切段，蒜、杏鲍菇洗净切片备用。
3. 取一容器，放入所有的调味料，混合拌匀备用。
4. 在蒸盘中先放上鲍鱼，再放入葱段、杏鲍菇片、蒜片，接着将所有调味料加入，用耐热保鲜膜将盘口封起。
5. 将蒸盘放入电锅中，在外锅加1/2杯水，蒸约8分钟即可。

鲍鱼切片

材料 ingredient
罐装鲍鱼1罐、圆白菜丝适量

调味料 seasoning
五味酱1罐

做法 recipe
1. 鲍鱼罐头放入电锅，外锅加2杯水，盖锅盖后按下开关，待开关跳起，取出罐头并打开。
2. 将鲍鱼切成片，放在铺好的圆白菜丝上，食用时佐以五味酱即可。

 小常识

　　罐头不要先打开，整罐直接放入电锅，外锅加适量的水，利用对流热气自然焖熟，接下来只要开罐切片就能享用了！

豉汁墨鱼仔

材料 ingredient
墨鱼仔6只、红辣椒1/3个、蒜2瓣

调味料 seasoning
豆豉酱适量

做法 recipe
1. 墨鱼仔洗净备用，红辣椒、蒜切片备用。
2. 把墨鱼仔放入蒸盘中，再放上红辣椒片、蒜片与豆豉酱。
3. 用耐热保鲜膜将盘口封起，放置电锅中，在外锅加2/3杯水，蒸约10分钟至熟即可。

豆豉酱
材料：
豆豉2大匙、米酒1大匙、酱油1小匙、香油1小匙、白砂糖1小匙、盐少许、白胡椒粉少许
做法：
将豆豉泡入冷水中约15分钟，捞起切碎，加入所有的调味料中，搅拌均匀即可。

葱油墨鱼仔

材料 ingredient
墨鱼仔5只、姜4片、姜丝少许、葱丝少许、开水2大匙

调味料 seasoning
蒸鱼酱油1大匙、热油少许

做法 recipe
1. 将墨鱼仔清水冲洗，处理干净后沥干；蒸鱼酱油与开水混合均匀备用。
2. 在蒸盘底部平铺上姜片，摆入墨鱼仔。
3. 将蒸盘放于电锅中，外锅加1/2杯水，蒸约10分钟至熟。
4. 将蒸盘取出，去除姜片，另取一盘，放上蒸好的墨鱼仔、姜丝、葱丝，最后淋上混合好的调味料。
5. 在姜丝、葱丝上淋上少许热油即可。

虾仁茶碗蒸

材料 ingredient

虾仁……………… 2只
鲜香菇………… 1朵
鸡蛋…………… 2个
葱花…………… 适量
水 ………… 3大匙

调味料 seasoning

盐 ………1/4小匙
白砂糖 ……1/4小匙
米酒 ………1/2小匙

做法 recipe

1. 鸡蛋打散，加入水及所有调味料打匀后，用筛网过滤。
2. 将做法1的蛋液，倒入碗中，并盖上保鲜膜。
3. 电锅外锅加1杯水，放入蒸架，将碗置于架上，盖上锅盖，锅盖边插一根牙签或厚纸片，留一条缝使蒸汽略为散出，防止鸡蛋蒸过熟。
4. 按下开关，蒸约8分钟至表面凝固，再将虾仁、葱花及鲜香菇放入，盖上锅盖再蒸约10分钟后，开盖轻敲锅体，看蛋液是否已完全凝固不会晃动，如晃动则盖上盖子再蒸，蒸至蛋液完全凝固，不会晃动即可。

蛤蜊蒸嫩蛋

材料 ingredient

鸡蛋·······················3个
蛤蜊··················· 100克
水··················· 200毫升

调味料 seasoning

盐····················· 少许
白胡椒粉················ 少许

做法 recipe

1. 将蛤蜊洗净，取一锅，放入蛤蜊、适量的冷水与1大匙盐，让蛤蜊静置吐沙1小时备用。
2. 鸡蛋洗净敲入一容器中，均匀打散，再加入水及所有调味料，混合拌匀。
3. 将搅拌均匀的蛋液以筛网过滤至另一蒸碗中，用耐热保鲜膜将碗口封起，再放入电锅中。
4. 电锅外锅加1杯水，蒸约10分钟，再将锅盖打开，放入吐好沙的蛤蜊，续蒸3～5分钟即可。

鱼粒蒸蛋

材料 ingredient

旗鱼肉50克、鸡蛋2个、胡萝卜20克、青豆仁20克、西蓝花适量、水2大匙

调味料 seasoning

盐1/4小匙、白砂糖1/4小匙、米酒1/2小匙

做法 recipe

1. 旗鱼肉、胡萝卜洗净切丁备用。
2. 鸡蛋打散，加入旗鱼肉丁、胡萝卜丁、青豆仁、水及所有调味料。
3. 将蛋液倒入深盘中，加保鲜膜封口。
4. 电锅外锅加1杯水，放入蒸架后将盘子置于架上，盖上锅盖，锅盖边插一根牙签或厚纸片，留一条缝，使蒸汽略为散出，防止鸡蛋蒸过熟，按下开关，蒸至开关跳起；再以汆烫熟的西蓝花装饰即可。

海鲜蒸蛋

材料 ingredient

鸡蛋······························3个
虾仁··························· 30克
蟹肉··························· 10克
蛤蜊··························· 10克
青豆仁························· 20克
水···························· 450毫升

调味料 seasoning

盐···························· 1/2小匙
米酒··························1大匙

做法 recipe

1. 鸡蛋打入碗中打散成蛋液，加入水及所有的调味料混合拌匀，再过滤至蒸碗中。
2. 虾仁、蟹肉、蛤蜊和青豆仁放入蒸碗中。
3. 将蒸碗封上保鲜模，再以牙签刺几个小洞，放入电锅内，外锅加1杯水，蒸约10分钟取出即可。

薰衣草蒸蛋

材料 ingredient

薰衣草1大匙、虾2只、鸡蛋2个、高汤（加盐）1杯、开水1杯（放凉至约90℃）

做法 recipe

1. 薰衣草以1杯放凉至约90℃的开水冲泡后，静置放凉至40℃以下备用。
2. 虾去壳但保留尾部，挑去肠泥并洗净备用。
3. 蛋打散成蛋液，加入薰衣草茶、高汤（加盐），用滤网过滤后倒入蒸碗中备用。
4. 电锅外锅加1杯开水，按下开关，放入装有蛋液的蒸碗，电锅边缘放一根筷子，盖上锅盖，蒸6分钟后，放入虾，续焖3分钟即可。

小常识

蒸蛋时电锅边缘放一根筷子，可使锅盖与电锅之间留有一些缝隙，如此蒸出来的蛋，表面较美观，不会有气孔。注意装蛋液的容器要能够耐热。

双色蒸蛋

材料 ingredient
咸鸭蛋·······················2个
鸡蛋·······················2个

调味料 seasoning
盐·························· 少许
胡椒粉···················· 少许
香油····················1小匙

做法 recipe
1. 咸鸭蛋切片后去壳，将鸡蛋蛋黄与蛋清分离，备用。
2. 取一蒸碗，先包上保鲜膜，再将咸鸭蛋片铺入蒸碗中。
3. 将鸡蛋清倒入铺好咸鸭蛋片的蒸碗中，放入电锅中，外锅加1/2杯水，蒸约5分钟。
4. 将蛋黄与所有的调味料一起搅拌均匀，再倒入蒸好的蛋清中，外锅再加1杯水，续蒸约15分钟后取出。
5. 将蒸好的双色蛋放凉后切成片即可。

三色蛋

材料 ingredient
皮蛋·······················2个
咸鸭蛋·······················2个
鸡蛋·······················4个
蛋黄酱···················· 适量

做法 recipe
1. 皮蛋、咸鸭蛋去壳切小丁，鸡蛋打散成蛋液，备用。
2. 准备一个长模型，铺上保鲜膜，将皮蛋丁、咸鸭蛋丁均匀放入模型，再将蛋液倒入模型。
3. 电锅外锅加1杯水，将模型放入电锅中，按下开关，蒸至开关跳起。
4. 取出模型，待冷却后切片，挤上蛋黄酱即可。

咸冬瓜蒸豆腐

材料 ingredient
老豆腐	200克
肉丝	60克
姜丝	10克
辣椒丝	适量

调味料 seasoning
咸冬瓜酱	100克
酱油膏	1小匙
白砂糖	1/2小匙
米酒	1小匙

做法 recipe
1. 老豆腐切小方块，放入开水中汆烫约10秒后沥干装盘备用。
2. 在蒸盘中排放老豆腐，将肉丝与姜丝摆放至豆腐上，将咸冬瓜酱、酱油膏、白砂糖及米酒拌匀后淋至豆腐上。
3. 电锅外锅加1/2杯水，放入做法2的蒸盘，按下开关，蒸至开关跳起后，放上辣椒丝即可。

咸蛋蒸豆腐

材料 ingredient
咸鸭蛋1个、萝卜干30克、蒜2瓣、嫩豆腐1盒、青葱1根

调味料 seasoning
白砂糖1小匙、盐少许、白胡椒粉少许、香油1小匙

做法 recipe
1. 将咸鸭蛋剥去外壳，切碎备用。
2. 将萝卜干、蒜与青葱洗净，切碎备用。
3. 取一容器，放入所有调味料并搅拌均匀备用。
4. 把嫩豆腐切成大块后装入蒸盘中，再把咸鸭蛋碎、萝卜干碎、青葱碎、蒜碎与所有的调味料均匀地淋在豆腐上。
5. 将蒸盘包上耐热保鲜膜，放入电锅中，外锅加1杯水，蒸约15分钟即可。

豆腐虾仁

材料 ingredient

虾仁·················· 150克
豆腐·················· 200克
葱花·················· 20克
姜末·················· 10克

调味料 seasoning

A. 盐 ·········· 1/4小匙
   鸡精 ·········· 1/4小匙
   白砂糖 ·········· 1/4小匙
B. 淀粉 ·········· 1大匙
   香油 ·········· 1大匙

做法 recipe

1. 虾仁挑去肠泥、洗净、沥干水分，用刀背拍成泥，加入葱花、姜末及调味料A搅拌均匀，再加入调味料B，拌成虾浆，冷藏备用。
2. 豆腐切成6块厚约1厘米的长方块，平铺于蒸盘上，表面撒上一层薄薄的淀粉（分量外）。
3. 将虾浆平均分成6份置于豆腐上，均匀地抹成小丘状，重复此步骤至材料用毕。
4. 电锅外锅加1/2杯水，放入蒸架，将蒸盘置于架上，盖上锅盖，按下开关，蒸至开关跳起即可。

71

蒜味火腿蒸豆腐

材料 ingredient

火腿片	1片
嫩豆腐	1盒
蒜	5瓣
青葱	1根

调味料 seasoning

盐	少许
白胡椒粉	少许
色拉油	1大匙

做法 recipe

1. 火腿片切碎，蒜、青葱都洗净切碎，嫩豆腐切片备用。
2. 取一个炒锅，加入1大匙色拉油，再将做法1和所有调味料一起加入，以中火爆香备用。
3. 将豆腐摆入蒸盘中，再将做法2的食材放在豆腐上，用耐热保鲜膜将盘口封起，放入电锅中。
4. 电锅外锅加2/3杯水，蒸约11分钟至熟即可。

小常识

蒸豆腐时易破碎，在处理嫩豆腐时，先将豆腐水倒出来，再切成大块，这样蒸出来就比较不易碎，而且成功率会较高；另外在封保鲜膜时，要记得多留一点空间，可以避免蒸好后豆腐被压破；加入酱油与少许的白砂糖增添酱色，可以让蒸豆腐颜色更漂亮，看起来更诱人。

咸鱼蒸豆腐

材料 ingredient

咸鲭鱼··················· 80克
豆腐····················· 180克
姜丝····················· 20克

调味料 seasoning

香油··················· 1/2小匙

做法 recipe

1. 豆腐洗净切成厚约1.5厘米的片，置于蒸盘中备用。
2. 咸鲭鱼略清洗，斜切成厚约0.5厘米的薄片备用。
3. 将咸鱼片摆放在豆腐上，再铺上姜丝。
4. 电锅外锅加3/4杯水，放入蒸架，将蒸盘置于架上，盖上锅盖，按下开关，蒸至开关跳起，取出蒸盘，淋上香油即可。

山药蒸豆腐

材料 ingredient

嫩豆腐1盒、山药30克、葱1根、胡萝卜10克

调味料 seasoning

盐少许、白胡椒粉少许、鸡精1小匙、香油1小匙、酱油1小匙

做法 recipe

1. 山药去皮洗净，切成小条；葱洗净切成段；胡萝卜去皮洗净切片，备用。
2. 嫩豆腐洗净，切片备用。
3. 取一容器，放入所有调味料搅拌均匀备用。
4. 豆腐摆入蒸盘中，放入山药条、葱段、胡萝卜片和做法3的酱汁。
5. 用耐热保鲜膜将盘口封起，放入电锅中，外锅加1杯水，蒸约15分钟即可。

红薯土豆

材料 ingredient

土豆2个、红薯1个、鸡蛋1个、蛋黄酱适量

做法 recipe

1. 土豆洗净去皮、切片，红薯洗净去皮、切丁，鸡蛋洗净，备用。
2. 取蒸盘装土豆片、红薯丁，另外用小碗装少许水放入鸡蛋一起煮，外锅加1杯水，盖上锅盖，按下开关，待开关跳起取出土豆压成泥；鸡蛋剥壳切碎。
3. 取一盘，加入土豆泥、鸡蛋碎及适量蛋黄酱均匀搅拌，最后拌入红薯丁，表面再挤上适量蛋黄酱即可（可另加小黄瓜片装饰）。

🍚 **小常识**

　　红薯与土豆除了可以用烤箱烤熟之外，也可以用电锅蒸熟。将红薯与土豆洗净、不用去皮，放在层架中移入电锅，外锅加1杯水蒸熟，蒸至开关跳起、内部熟透后即可食用。

椰汁土豆

材料 ingredient

鸡腿肉150克、土豆200克、胡萝卜50克、洋葱50克、水50毫升

调味料 seasoning

椰浆150毫升、盐1/2小匙、白砂糖1小匙、辣椒粉1/2小匙

做法 recipe

1. 将土豆、胡萝卜及洋葱去皮洗净后切块，鸡腿肉切小块，放入滚水中汆烫约1分钟后洗净，与土豆、胡萝卜及洋葱一起放入电锅内锅中。
2. 内锅中加入水及所有调味料。
3. 电锅外锅加1杯水，放入内锅，盖上锅盖后按下电锅开关，待开关跳起，再焖约20分钟后取出拌匀即可。

素肉臊酱蒸圆白菜

材料 ingredient

圆白菜…………… 200克

调味料 seasoning

素肉臊酱 …………适量

做法 recipe

1. 将圆白菜剥成大块，洗净备用（见图2）。
2. 取一个深碗，放入圆白菜，再将素肉臊酱放于圆白菜上面（见图5）。
3. 用耐热保鲜膜将碗口封起，放入电锅中，外锅加1杯水，蒸约15分钟至熟即可。

素肉臊酱

材料：

素肉50克、干香菇3朵、胡萝卜10克、豆干2片、香油1小匙、辣油少许、酱油1小匙、白砂糖1小匙、盐少许、白胡椒粉少许

做法：

1. 素肉与干香菇泡软（见图1），切小丁，胡萝卜、豆干切小丁（见图3），备用。
2. 热锅，加入1大匙油，将做法1的食材以中火爆香，再放入其余的材料，翻炒均匀即可（见图4）。

开洋蒸胡瓜

材料 ingredient

胡瓜·····················400克
虾米·····················40克
姜末······················5克

调味料 seasoning

盐·······················1/4小匙
高汤·····················3大匙
白砂糖···················1/4小匙
色拉油···················1小匙

做法 recipe

1. 虾米放碗里加开水（淹过虾米），泡约5分钟后洗净沥干备用。
2. 将胡瓜去皮，切粗丝装入蒸盘。
3. 高汤加入虾米、姜末、盐及白砂糖拌匀，与色拉油一起淋至胡瓜上。
4. 电锅外锅加1/2杯水，放入蒸盘，按下开关，蒸至开关跳起即可。

蒜拌菠菜

材料 ingredient

菠菜·····················100克
辣椒末···················1小匙
蒜末·····················1小匙

调味料 seasoning

色拉油···················1小匙
蚝油·····················1匙
高汤·····················1匙

做法 recipe

1. 菠菜洗净切段放于蒸盘上备用。
2. 将所有调味料搅拌均匀制成酱汁，淋在做法1的菠菜上。
3. 电锅外锅加1/2杯热水，按下开关，盖上锅盖，待蒸汽冒出后，马上掀盖，放蒸盘蒸1分钟取出，撒上辣椒末、蒜末即可。

彩椒鲜菇

材料 ingredient

西蓝花300克、鸿禧菇50克、红甜椒1/6个、黄甜椒1/6个、姜末1大匙

调味料 seasoning

素蚝油1大匙、高汤1大匙、白砂糖1小匙、盐1小匙、淀粉1小匙、色拉油少许

做法 recipe

1. 西蓝花洗净，切成小朵；鸿禧菇切小段；红甜椒、黄甜椒切成小菱片；姜末与所有调味料搅拌均匀制成酱汁备用。
2. 电锅外锅加2杯热水及1小匙盐（分量外），先按下开关预热，再将西蓝花、红甜椒、黄甜椒、鸿禧菇分别汆烫一下即捞起，摆入盘中，再淋上做法1的酱汁。
3. 倒掉电锅外锅的水，在外锅加入1杯热水，按下开关，盖上锅盖，待蒸汽冒出后，掀盖将装有做法2的盘子放入电锅中，蒸3分钟取出即可。

黑椒蒸洋葱

材料 ingredient

洋葱·······················1个
青葱·······················1根
蒜·························3瓣
胡萝卜·····················20克

调味料 seasoning

黑胡椒粒···················1大匙
奶油·······················1小匙
盐·························1小匙
鸡精·······················1小匙

做法 recipe

1. 将洋葱对切后切成丝，青葱洗净切段，蒜瓣用菜刀拍扁，胡萝卜洗净切成丝备用。
2. 把做法1的食材放在蒸盘上，再加入所有的调味料，混合拌匀。
3. 用耐热保鲜膜将盘口封起，再放入电锅中，外锅加1杯水，蒸约15分钟至熟即可。

干贝蒸山药

材料 ingredient
干贝·············· 2只
山药·············· 300克

调味料 seasoning
柴鱼酱油·········· 2小匙
味醂·············· 1小匙

做法 recipe
1. 干贝放碗里加入开水(淹过干贝),泡约15分钟后剥丝连汤汁备用。
2. 山药去皮,切段后装蒸碗备用。
3. 将做法1连汤汁的干贝丝加入柴鱼酱油及味醂拌匀一起淋在山药上。
4. 电锅外锅加1/2杯水,放入蒸碗,按下开关,蒸至开关跳起即可。

蒸镶大黄瓜

材料 ingredient

大黄瓜·······················1根
猪肉泥·····················300克
姜末·······················10克
葱末·······················10克

调味料 seasoning

盐·························1/4小匙
鸡精·······················1/4小匙
白砂糖·······················1小匙
酱油·························1小匙
米酒·························1小匙
白胡椒粉·····················1/2小匙
香油·························1大匙
淀粉·························适量

做法 recipe

1. 大黄瓜去皮后横切成厚约5厘米的圆段，用小汤匙挖去籽后洗净沥干，然后在黄瓜圈中空处抹上一层淀粉增加黏性，备用。

2. 猪肉泥放入容器中，加入盐、鸡精、白砂糖、酱油、米酒、白胡椒粉搅拌至有黏性备用。

3. 做法2继续加入葱、姜末及香油，拌成肉馅，将肉馅分塞至做法1的黄瓜圈中，再用手沾少许香油将肉馅表面抹平后装入蒸盘。

4. 电锅外锅加2/3杯水，放入蒸盘，按下开关，蒸至开关跳起即可。

79

蒸苦瓜薄片

材料 ingredient

苦瓜300克、金针菇适量、水30毫升

调味料 seasoning

A.盐2克、味醂18毫升、风味素2克
B. 香油18毫升

做法 recipe

1. 苦瓜切成约0.1厘米的薄片，加少许盐（分量外）搓揉拌匀，再洗去表面盐分，挤干水分；金针菇去蒂洗净，挤干水分，备用。
2. 将水与调味料A混合制成酱汁备用。
3. 在蒸盘中铺上苦瓜片，再放上金针菇，并淋上混合酱汁备用。
4. 电锅内锅加2杯水，盖上锅盖，按下开关，煮至冒出蒸汽，放入蒸盘蒸约5分钟。
5. 取出蒸盘，淋上香油即可。

豆酱蒸桂竹笋

材料 ingredient

桂竹笋200克、肉丝50克、泡发香菇2朵、姜末5克、葱丝适量

调味料 seasoning

黄豆酱3大匙、辣椒酱1大匙、白砂糖1小匙、香油1小匙

做法 recipe

1. 桂竹笋洗净切粗条，汆烫后冲凉沥干，泡发香菇洗净切丝，备用。
2. 将所有调味料拌匀后加入桂竹笋、姜末、香菇丝及肉丝略拌后装入蒸盘。
3. 电锅外锅加1/2杯水，放入蒸架，将蒸盘放入电锅中，按下开关，蒸至开关跳起，撒上葱丝即可。

蒸素什锦

材料 ingredient
泡发木耳40克、黄花菜15克、豆皮60克、泡发香菇5朵、胡萝卜50克、竹笋50克、水1大匙

调味料 seasoning
蚝油2大匙、白砂糖1小匙、淀粉1小匙、香油1大匙

做法 recipe
1. 黄花菜用开水泡约3分钟至软后洗净沥干，豆皮、胡萝卜、木耳、竹笋、香菇切小块，备用。
2. 将所有材料及所有调味料一起拌匀后，放入蒸盘中。
3. 电锅外锅加1/2杯水，放入盘子，按下开关，蒸至开关跳起即可。

茄香咸鱼

材料 ingredient
茄子1根（100克）、咸鱼60克、葱丝少许

做法 recipe
1. 茄子切10厘米长段，每段再切成4小条后摆在蒸盘中，再将咸鱼切粗丁后撒在茄子上备用。
2. 电锅内锅加2杯水，盖上锅盖，按下开关，煮至冒出蒸汽，放入蒸盘蒸约6分钟。
3. 打开锅盖，在茄子上放葱丝，盖上锅盖续焖一下即可。

🍚 小常识
咸鱼的种类很多，风味与咸度各不相同，可依照个人喜好增减分量；因为用蒸的方式，没有再加水稀释，因此咸味会较重，不需要再增添其他调味料即可享用。

茭白夹红心

材料 ingredient
肉泥·············150克
茭白·············150克
枸杞子··········1大匙
葱末··········1/2大匙
姜末··········1/2大匙
小豆苗··········适量

调味料 seasoning
蚝油··········1小匙
香油··········1/2小匙
水淀粉········1小匙
高汤··········1大匙
酱油··········1/2大匙
盐············1/2小匙

做法 recipe
1. 茭白洗净，斜切成厚片，再于每一厚片中间横切一刀但不切断；将所有调味料搅拌均匀制成酱汁备用。
2. 肉泥与酱油、盐一起用力拌打至出筋，与葱末、姜末及枸杞子搅拌均匀，再塞入茭白片中间横切的缝隙中，放在铺了小豆苗的蒸盘上备用。
3. 电锅外锅加1/2杯开水，按下开关，盖上锅盖，待蒸汽冒出后，掀盖放入蒸盘蒸7分钟，再打开盖子，淋上做法1的酱汁续焖1分钟即可。

鸡汤苋菜

材料 ingredient

苋菜·················· 100克
鸡高汤················ 1碗

调味料 seasoning

米酒·············· 15毫升

做法 recipe

1. 苋菜不切，直接摘除根部与茎部表面粗纤维，洗净后充分沥干备用。
2. 取一深碗，加入苋菜，再倒入鸡高汤与米酒备用。
3. 电锅内锅加2杯水，盖上锅盖，按下开关，煮至冒出蒸汽，把碗放入蒸约5分钟即可。

美味
卤出来
ELECTRIC POT

其实电锅从基本功能上讲就非常适合炖煮，而卤也是与炖煮类似的料理方式，所以用电锅来卤食材再适合不过了。尤其是电锅具有瞬间加温，且温度不易散失的优点，只要花少许时间就能将一锅炖卤料理完成，也不用看守着炉火，隔水加热的方式更能避免糊锅底的可能，可以说是一举数得。

电锅炖卤 美味有学问

卤肉看起来简单朴实，但要做出一锅香弹爽口的卤肉，却不是一件简单的事，材料的选择、调味比例方面，都有独特的妙方。掌握以下几个诀窍，就能轻松卤出一锅香气四溢、引人垂涎的卤肉。

肉的肥瘦有比例

卤肉需要适当油脂才不会太干涩，通常选择肥瘦均匀的五花肉，挑选肥瘦比例为2：3左右的肉块，这样既能提供卤肉需要的油脂，也不至于太过油腻。

自己剁肉可增加弹性

要卤出口感香弹的肉臊，诀窍在于不直接使用肉泥，而是买回整块肉，再慢慢剁成碎丁。剁碎的过程，其实就是为了让肉更有弹性，吃起来更有嚼劲；如果要以肉泥代替，建议买粗肉泥，回去再用刀剁一剁，同样，肉泥的肥瘦比例大约也是2：3。

胶质是卤汁黏稠香滑的关键

一锅好吃的卤肉，除了要加适量的油脂外，胶质是让卤汁黏稠香滑的关键，一般可选用带皮五花肉，连皮一起熬煮至胶质释出，如果不喜欢吃猪皮，也可事先将皮切下，与肉分开放入，煮滚后再捞起即可。

卤汁重复使用更好吃

卤肉吃完如果有剩下的卤汁，可以再加进新鲜肉块，依味道酌量增添调味料及水，因旧卤汁已经含有胶质，味道丰厚醇美，所卤制的肉会更加好吃。

萝卜洋葱五花肉

材料 ingredient

熟五花肉	1块（约500克）
白萝卜	600克
胡萝卜	200克
洋葱	200克

调味料 seasoning

酱油	1杯
米酒	1杯
白砂糖	1大匙
色拉油	少许

做法 recipe

1. 白萝卜、胡萝卜洗净，去皮切块；洋葱洗净，去皮切块；熟五花肉洗净，切块，备用。
2. 电锅外锅洗净，按下开关加热，放入少许色拉油，先放入洋葱块炒香，再依序加入胡萝卜、白萝卜、五花肉块、酱油及米酒，盖上锅盖后按下开关。
3. 约20分钟后，开盖放入白砂糖，盖回锅盖续煮5分钟，取出装盘即可。

小常识

白水煮的五花肉，与红白萝卜一起用电锅炖，省时省力，天冷时还能在锅中保温，想吃随时都是热的。

油豆腐炖肉

材料 ingredient
五花肉250克、油豆腐150克、葱段30克、姜片10克、八角4粒、万用卤包1包、辣椒1个、水300毫升

调味料 seasoning
酱油7大匙、白砂糖2大匙

做法 recipe
1. 五花肉切小块，用开水汆烫；油豆腐切小块；辣椒切段，备用。
2. 将五花肉块、油豆腐块、辣椒段放入电锅内锅中，加入万用卤包、葱段、姜片、八角、水及所有调味料。
3. 电锅外锅加1杯水，放入内锅，盖上锅盖，按下开关，待开关跳起再焖约20分钟即可。

红曲萝卜肉

材料 ingredient
梅花肉200克、胡萝卜100克、白萝卜500克、红葱酥10克、姜10克、蒜20克、万用卤包1包、水300毫升

调味料 seasoning
红曲酱2大匙、酱油3大匙、鸡精1小匙、白砂糖1大匙

做法 recipe
1. 梅花肉洗净切小块，用开水汆烫；蒜及姜洗净切碎；白萝卜及胡萝卜洗净去皮切小块，备用。
2. 将梅花肉块、蒜碎、姜碎、白萝卜块、胡萝卜块一起放入电锅内锅中，加入万用卤包、水及所有调味料。
3. 电锅外锅加1杯水，放入内锅，盖上锅盖后按下电锅开关，待开关跳起后再焖约20分钟即可。

萝卜豆干卤肉

材料 ingredient

豆干·······························100克
五花肉块·························300克
白萝卜·····························200克
胡萝卜·····························100克
水煮蛋····························· 2个

卤汁 marinade

酱油······························ 3大匙
白砂糖···························· 1大匙
青葱段···························· 5克
辣椒片···························· 2克
姜片······························ 2克
卤包······························ 1包
水······························ 1000毫升

做法 recipe

1. 豆干略冲水洗净沥干，白萝卜和胡萝卜洗净去皮，切块备用。
2. 将所有的材料和卤汁材料放入电锅内锅中，外锅加3杯水，按下电锅开关，蒸至开关跳起即可。

小常识

　　在家制作传统味道的卤肉，只要将食材清洗、切块处理好，通通放入电锅内锅中，外锅加入适当的水量，按下开关，只要等开关跳起，就有热腾腾的卤肉可以配饭吃了。

笋丝焢肉

材料 ingredient
五花肉片……………… 300克
笋丝………………………… 50克
葱段…………………………5克

调味料 seasoning
鸡精………………… 1/2小匙
冰糖………………… 1/2小匙
酱油…………………………1大匙

做法 recipe
1. 将五花肉片用热水略冲洗，沥干备用。
2. 将五花肉片、笋丝、葱段和所有调味料
   放入电锅内锅中，外锅加3杯水，按下开
   关，蒸至开关跳起即可。

肉末卤圆白菜

材料 ingredient
圆白菜……………… 500克
猪肉泥……………… 100克
红葱油酥………………2大匙

调味料 seasoning
高汤……………… 200毫升
盐…………………… 1/4小匙
鸡精……………… 1/4小匙
白砂糖……………… 1/4小匙
酱油…………………………1大匙

做法 recipe
1. 圆白菜切大块后氽烫约10秒，取出沥干水分
   装碗，猪肉泥氽烫约10秒，取出沥干，放至
   圆白菜上备用。
2. 将所有调味料拌匀后与红葱油酥一起淋至圆
   白菜上。
3. 电锅外锅加1杯水，放入圆白菜，按下开
   关，蒸至开关跳起即可。

茶香卤鸡翅

材料 ingredient

鸡翅5只、香油适量

卤包 flavoring

草果1颗、八角5克、桂皮6克、
香叶3克、甘草4克、沙姜6克、
乌龙茶叶15克

卤汁 marinade

葱2根、姜20克、水1500毫升、
酱油500毫升、白砂糖100克、
绍兴酒100毫升

做法 recipe

1. 将卤包材料全部洗净放入棉袋中绑紧备用。
2. 葱、姜洗净拍松，放入锅中，倒入水煮至滚沸，加入酱油。
3. 待再次滚沸，加入白砂糖、卤包，改小火煮约5分钟至香味散发出来，再倒入绍兴酒即为茶香卤汁。
4. 鸡翅洗净沥干，放入煮沸的水中，氽烫约1分钟捞出，放入冷水中洗净。
5. 电锅内锅倒入500毫升茶香卤汁及鸡翅，外锅加1/2杯水，按下开关，待开关跳起，开锅盖浸泡10分钟即可。

卤肉臊

材料 ingredient
熟五花肉350克、黄豆干10片、红葱头10个、蒜15瓣、水2杯

调味料 seasoning
白砂糖1大匙、盐1小匙、米酒2大匙、鸡精1小匙、酱油1大匙、酱油膏3大匙、白胡椒粉1小匙、色拉油1小匙

做法 recipe
1. 熟五花肉、黄豆干切小丁；蒜、红葱头都切碎，备用。
2. 电锅预热，内锅加入1小匙色拉油，加入红葱头碎爆香，再加入五花肉丁炒至色变白。
3. 加入蒜碎炒出香气，再加入黄豆干丁炒匀。
4. 将水与其余调味料一同加入炒匀，外锅加2杯水，盖上锅盖再焖约30分钟即可。

卤花生

材料 ingredient
花生⋯⋯⋯⋯⋯⋯⋯ 600克
姜片⋯⋯⋯⋯⋯⋯⋯ 15克
八角⋯⋯⋯⋯⋯⋯⋯3颗

调味料 seasoning
酱油⋯⋯⋯⋯⋯⋯⋯ 100毫升
冰糖⋯⋯⋯⋯⋯⋯⋯ 15克

做法 recipe
1. 花生洗好泡水6小时，用滚水略汆烫以去除花生生涩味，备用。
2. 用少许油炒香姜片、八角，再加入酱油，煮至酱汁滚沸即可。
3. 将花生、煮好的酱汁一并加入电锅内锅中，再加水盖住食材，拌匀。
4. 加入冰糖调味，外锅加2杯水，按下开关，待开关跳起后再续焖10分钟即可。

富贵猪脚

材料 ingredient
猪脚1个、水煮蛋6个、葱1根、姜20克、水6杯

调味料 seasoning
酱油1杯、白砂糖2大匙

做法 recipe
1. 猪脚切块，以热水冲洗干净；葱切段、姜切片；水煮蛋剥壳，备用。
2. 电锅外锅洗净，按下开关加热，锅热后放入少许色拉油，再加入猪脚块煎至皮略焦黄。
3. 将葱段、姜片、酱油、白砂糖、水及水煮蛋放入外锅中，盖上锅盖，按下开关煮约40分钟后开盖，取出摆盘即可。

 小常识

　　猪脚用电锅卤最简单，不怕煮久了烧焦，只要把猪脚块放入其中略煎一下，有香气后再加入其余材料、调味料，按下开关即可。

绍兴猪脚

材料 ingredient
猪脚····················· 300克
葱段····················· 40克
姜片····················· 40克

调味料 seasoning
盐······················· 1/2小匙
白砂糖··················· 1/2小匙
水······················· 150毫升
绍兴酒··················· 100毫升

做法 recipe
1. 猪脚剁小块，放入滚水中氽烫约2分钟拿出洗净，放入电锅内锅中备用。
2. 葱段、姜片及所有调味料加入内锅中。
3. 电锅外锅加1杯水，放入内锅，盖上锅盖，按下开关。
4. 待开关跳起，焖约20分钟后，外锅再加1杯水，按下电锅开关再蒸一次，待开关跳起再焖约20分钟即可。

红仁猪脚

材料 ingredient
猪脚····················· 1000克
胡萝卜··················· 300克
沙参····················· 40克
玉竹····················· 20克

调味料 seasoning
盐······················· 2小匙
米酒····················· 2大匙

做法 recipe
1. 将猪脚剁成块，取内锅加水，煮滚后将猪脚氽烫10分钟，捞起用冷水洗净表面污垢，去除杂毛，备用。
2. 胡萝卜削皮切成滚刀块备用。
3. 将做法1、2处理好的材料及沙参、玉竹放入内锅中，再加4碗水，外锅加2杯水，按下开关炖煮50分钟。
4. 电锅内锅加入所有调味料，再焖10分钟即可。

花生焖猪脚

材料 ingredient

猪脚·············· 1400克
花生·············· 300克
姜片·············· 30克
水··············· 1400毫升

调味料 seasoning

米酒·············· 50毫升
盐··············· 1.5小匙
白砂糖············ 1/2小匙

做法 recipe

1. 猪脚洗净剁段，放入开水中氽烫去血水，花生泡水60分钟至软，备用。
2. 将做法1的材料与姜片、水、米酒放入电锅中，外锅加1杯水，盖上锅盖，按下开关，待开关跳起，再加1杯水，按下开关再煮一次，待开关跳起，再焖20分钟后，加入其余调味料即可。

胡萝卜炖牛腱

材料 ingredient
牛腱300克、胡萝卜200克、葱段40克、姜片20克、水300毫升

调味料 seasoning
酱油80毫升、白砂糖2大匙

做法 recipe
1. 将胡萝卜去皮洗净切块，牛腱切小块，放入滚水中汆烫约1分钟捞出洗净，与胡萝卜一起放入内锅中。
2. 内锅中加入姜片、葱段、水及所有调味料。
3. 电锅外锅加1杯水，放入内锅，盖上锅盖，按下开关，待开关跳起，焖约20分钟。
4. 外锅再加1杯水，按下开关再蒸一次，开关跳起后焖约20分钟即可。

咖喱牛腱

材料 ingredient
牛腱·················· 300克
土豆·················· 200克
洋葱·················· 80克
水··················· 200毫升

调味料 seasoning
咖喱块················· 1/2盒

做法 recipe
1. 将土豆、洋葱去皮洗净切块，牛腱切小块，放入滚水中汆烫约1分钟捞出洗净，与土豆块、洋葱块一起放入电锅内锅中。
2. 内锅中加入咖喱块及水。
3. 电锅外锅加1杯水，放入内锅，盖上锅盖，按下开关，待开关跳起，焖约20分钟。
4. 外锅再加1杯水，按下开关再蒸一次，待开关跳起再焖约20分钟，取出拌匀即可。

香卤牛腱

材料 ingredient

牛腱……………… 1个
卤包……………… 1个
葱………………… 1根
姜………………… 20克

调味料 seasoning

酱油………………1/2杯
白砂糖…………… 2大匙

做法 recipe

1. 牛腱用开水清洗，葱切
   段、姜切片，备用。
2. 电锅内锅中放入牛腱及其
   他材料，外锅加2杯水，
   盖上锅盖，按下开关。
3. 待开关跳起，续焖20分
   钟，再将牛腱取出，放
   凉切片摆盘，上桌前淋
   上少许卤汁即可食用。

小常识

　　用电锅炖煮需要久煮的食物
最方便，自动控制火候大小，不
必时时查看锅内食物是否烧焦，
也不需要随时翻动，且因为没有
翻动，汤汁会更清澈。

香炖牛肋

材料 ingredient
牛肋条1000克、洋葱1/2个、姜丝10克、花椒粒少许、白胡椒粒少许、月桂叶少许

调味料 seasoning
盐2小匙、鸡精1小匙、米酒2大匙

做法 recipe
1. 将牛肋条切成6厘米左右长的段，氽烫3分钟捞出过冷水，冲洗干净备用。
2. 将洋葱切片与姜丝一起放入内锅中，加入花椒粒、白胡椒粒（拍碎）与月桂叶，再将牛肋条放上层，加15杯水，放入电锅中，外锅加2杯水，按下开关，炖至开关跳起，加入所有调味料再焖15~20分钟即可。

🍲 小常识
牛肋条就是牛的整片腹部，也称为牛腩，若牛肋条含油量较为平均，炖煮时间会比较短。若牛肋条带筋部分较多，炖煮时间就会较长。

莲子炖牛肋条

材料 ingredient
牛肋条	700克
莲子	200克
水	1200毫升
姜片	30克

调味料 seasoning
米酒	50毫升
盐	1.5小匙
白砂糖	1/2小匙

做法 recipe
1. 牛肋条洗净，放入开水中氽烫去除血水，莲子洗净，泡水至软，备用。
2. 将所有材料、米酒放入电锅内锅中，外锅加1杯水，盖上锅盖，按下开关，待开关跳起，再焖20分钟后加入其余调味料即可。

五香茶叶蛋

材料 ingredient

鸡蛋·····················15个
可乐·················· 150毫升
卤包······················ 1包
茶包······················ 2包

做法 recipe

1. 电锅内锅洗净，加水至六分满，放入洗净的鸡蛋，再加卤包、茶包、可乐，将内锅放入电锅中，外锅加1杯水，盖上盖子、按下开关，煮10分钟。
2. 略敲半熟鸡蛋，使壳有小裂缝，再放回锅内续煮10分钟，改转保温状态泡至入味即可。

🍚 小常识

1. 挑选：挑选大小适中的鸡蛋，鸡蛋太小容易卤太咸，鸡蛋太大要卤比较久才会入味。
2. 水煮：先用清水小心地将蛋壳刷洗干净，再放入锅中用水煮熟，煮的时候，锅中一定要加入淹过鸡蛋的水量，并加入1小匙盐，煮的过程中可将鸡蛋翻动数次，这样可以让蛋黄比较集中在鸡蛋中间。
3. 敲蛋：煮熟的蛋泡入冷水中，并用汤匙将蛋壳敲出裂痕，这样卤的时候容易入味，但是不宜敲出太多裂痕，否则蛋壳容易脱落。
4. 卤煮：茶叶蛋最好的煮法就是用电锅，让蛋在电锅里以稳定的热度卤煮，不用担心会烧焦，而且时间越久越入味。

家常好汤，
暖胃暖心
ELECTRIC POT

用电锅煮汤，比起用煤气灶大火直接烧煮，汤头会更清甜不混浊，而且安全方便，只要等待开关跳起就能享用了，尤其是需要长时间煲煮的汤，更是方便；而那些快煮的滚汤，也能用电锅来料理。一起来看看吧。

电锅煮汤 好喝有学问

秘诀 1 肉类、骨头先以冷水浸泡后汆烫

买回来的肉，切成适当大小放入盆中，置于水槽中彻底洗净并稍浸泡，除了可以去除血水外，还有去腥、去杂质、让肉松软的作用。然后将处理好的肉放入开水中汆烫，更可去除残留的血水、杂质和异味，让汤头清澈；也能消除部分脂肪，避免汤头过于油腻。

秘诀 2 干货先浸泡

添加干货一起熬汤风味绝佳，但是这些经过干燥完全没有水分的干货，在下锅前要先用冷水浸泡还原，因为在电锅密闭且快速的熬煮下，干硬的材料不易完全释放本身的风味；冷水浸泡则不会让干货在浸泡过程中散失太多鲜味。

秘诀 3 加不加水有学问

煲汤时加水以没过所有食材为原则，尤其是牛、羊、猪等肉类食材，水面一定要超过食材，否则没盖到水的部分会干硬。切记最好不要中途再加水，以免稀释掉食材原有的鲜味。如果中途必须要加水，也应以热水为主，避免因为加冷水，使食材即时降温变得紧密，细胞孔闭合，汤的鲜味降低。

秘诀 4 调味增美味

如果喜欢清爽原味，可不另加调料，只在起锅前加些盐提味即可，但要注意过早放盐会使肉中所含的水分释出，并加快蛋白质的凝固，影响汤的鲜味。若是喜欢重口味，亦可加上鸡精或是香菇精；如果是煮鱼，则可以酌量加姜片或米酒去腥。

大肠猪血汤

材料 ingredient
猪大肠1条(约500克)、猪血1块(约250克)、大骨1根、葱2根、姜15克、韭菜6根、酸菜丝150克、水1000毫升

调味料 seasoning
盐少许、沙茶酱适量、米酒1/2杯

做法 recipe
1. 将猪大肠、大骨洗净，用开水汆烫，葱洗净切段，姜切片，猪血洗净切小块，韭菜切小段，酸菜丝洗净，备用。
2. 取电锅内锅放入猪大肠、一半的葱段与姜片、米酒及4杯水。
3. 内锅放入电锅中，外锅加2杯水，盖锅盖后按下开关，待开关跳起捞起大肠洗净切段。
4. 内锅洗净，放入大骨、剩余一半的葱段与姜片、米酒及1000毫升水，外锅加2杯水，盖锅盖后按下开关，待开关跳起捞出大骨，放入猪大肠段、猪血、酸菜丝。
5. 外锅再加1/2杯水，盖锅盖后按下开关，待开关跳起加盐、沙茶酱调味，食用前撒上韭菜段即可。

馄饨蛋包汤

材料 ingredient
馄饨15个、鸡蛋2个、红葱酥少许、芹菜末少许、水1000毫升

调味料 seasoning
盐少许、鲜美露少许

做法 recipe
1. 电锅内锅加1000毫升水及馄饨，外锅加1杯水，盖上盖子、按下开关，待开关跳起，将鸡蛋打入内锅，加少许鲜美露、盐拌匀。
2. 外锅再加1/4杯水，盖上盖子，按下开关，待开关跳起，盛入碗中，加入红葱酥及芹菜末即可。

玉米浓汤

材料 ingredient
罐头玉米粒1罐、玉米酱1/2罐、洋葱50克、鸡蛋1个、青葱1根、高汤1000毫升、火腿片2片

调味料 seasoning
盐少许、白胡椒粉少许、香油1大匙、水淀粉2大匙

做法 recipe
1. 洋葱洗净切丁，青葱洗净切葱花，火腿片切丁，备用。
2. 电锅内锅加1000毫升的高汤，放入洋葱丁、玉米粒、玉米酱，外锅加1.5杯水，盖上盖子，按下开关。
3. 待开关跳起，打开锅盖，鸡蛋打散倒入汤中，外锅再加1/4杯水，盖上锅盖，按下开关，煮至汤滚时，打开锅盖，慢慢倒入水淀粉勾芡，加入白胡椒粉、盐、香油拌匀，盛碗后撒上葱花、火腿丁即可。

酸辣汤饺

材料 ingredient
生水饺15个、嫩豆腐1/2块、猪血100克、肉丝50克、竹笋丝30克、胡萝卜丝20克、鸡蛋1个、葱花少许、水1000毫升

调味料 seasoning
白胡椒粉1大匙、盐1小匙、陈醋3大匙、白醋3大匙、水淀粉2大匙

做法 recipe
1. 电锅内锅加1000毫升水，放入切块的嫩豆腐、猪血、肉丝、竹笋丝、胡萝卜丝、生水饺，外锅加1.5杯水，盖上盖子，按下开关。
2. 待开关跳起，将水淀粉倒入汤中勾芡，再将鸡蛋打散倒入汤中，盖上锅盖焖30秒，加入其余调味料拌匀，盛出后撒上葱花即可。

冬瓜贡丸汤

材料 ingredient

贡丸··················· 200克
冬瓜··················· 500克
姜丝····················· 5克
芹菜末··············· 20克
水················· 800毫升

调味料 seasoning

盐····················· 1/2小匙
鸡精··················· 1/4小匙
白胡椒粉··············· 1/8小匙

做法 recipe

1. 冬瓜去皮去籽切小块，洗净后与贡丸、姜丝一起放入电锅内锅中，锅中再加800毫升水。
2. 电锅外锅加2/3杯水，放入做法1的内锅。
3. 按下开关，蒸至开关跳起，加入芹菜末及所有调味料即可。

玉米猪龙骨汤

材料 ingredient

猪龙骨··················· 300克
玉米····················· 500克
姜片····················· 15克
水················· 800毫升

调味料 seasoning

盐····················· 1/2小匙
鸡精··················· 1/4小匙
米酒··················· 20毫升

做法 recipe

1. 猪龙骨剁小块，玉米去皮去须切小块，一起放入滚水中汆烫约10秒，取出洗净，与姜片一起放入电锅内锅中，锅中再倒入800毫升水、米酒。
2. 电锅外锅加1杯水，放入做法1的内锅。
3. 按下开关，蒸至开关跳起，加入其余调味料即可。

火腿冬瓜夹汤

材料 ingredient

火腿	100克
冬瓜	500克
姜片	15克
水	800毫升

调味料 seasoning

盐	1/2小匙
鸡精	1/4小匙
米酒	20毫升

做法 recipe

1. 冬瓜去皮去籽洗净，切成长方厚片，再将厚片中间横切但不切断成蝴蝶片；火腿切薄片，备用。
2. 将做法1的食材一起放入滚水中汆烫约10秒，取出洗净。
3. 将火腿夹入冬瓜片中与姜片一起放入内锅中，锅中再倒入800毫升水、米酒。
4. 电锅外锅加2/3杯水，放入做法3的内锅。
5. 按下开关，蒸至开关跳起，加入其余调味料即可。

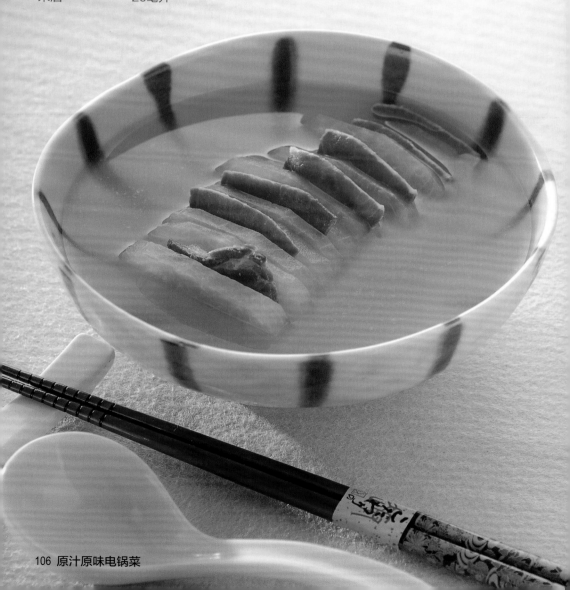

萝卜排骨酥汤

材料 ingredient

排骨（五花排）300克、白萝卜150克、油葱酥1小匙、地瓜粉3大匙、蛋液2大匙、水600毫升

调味料 seasoning

A. 酱油1小匙、盐1/2小匙、白砂糖1/4小匙、米酒1小匙、五香粉1/4小匙
B. 盐1/2小匙、胡椒粉1/4小匙

做法 recipe

1. 排骨剁小块，洗净沥干备用。
2. 白萝卜去皮切滚刀块，放入滚水中氽烫后捞出冲凉备用。
3. 将排骨块、调味料A及油葱酥放入盆中，用筷子不断搅拌至黏稠，再加入蛋液及地瓜粉拌匀。
4. 另取一锅，倒半锅油，油温热至约160℃，逐块放入做法3的排骨块，先用小火炸3分钟，再转中火炸至表面酥脆，捞出沥干油分即成排骨酥。
5. 将排骨酥、萝卜块、600毫升水和调味料B的盐，放入内锅中，外锅加2杯水，按下开关，煮至开关跳起，掀开锅盖，加入胡椒粉略焖即可。

苦瓜排骨酥汤

材料 ingredient

排骨酥200克、苦瓜150克、姜片15克、水800毫升

调味料 seasoning

盐1/2小匙、鸡精1/4小匙、米酒20毫升

做法 recipe

1. 苦瓜洗净去籽切小块，放入滚水中汆烫约10秒后，取出洗净，与排骨酥、姜片一起放入内锅中，锅中再倒入米酒和800毫升水。
2. 电锅外锅加1杯水，放入内锅。
3. 按下开关，蒸至开关跳起，加入其余调味料即可。

注：排骨酥的做法见P107。

芥菜排骨汤

材料 ingredient

小排200克、芥菜100克、老姜片15克、水800毫升

调味料 seasoning

盐1/2小匙、鸡精1/2小匙、绍兴酒1小匙

做法 recipe

1. 小排剁块，汆烫洗净，备用。
2. 芥菜削去老叶，对半切，洗净汆烫后过冷水，备用。
3. 取电锅内锅，放入小排块、芥菜，再加入姜片、800毫升水及所有调味料。
4. 将内锅放入电锅里，外锅加1杯水，盖上锅盖，按下开关，煮至开关跳起，捞除姜片即可。

玉米鱼干排骨汤

材料 ingredient
梅花排（肩排）200克、玉米1根、胡萝卜50克、小鱼干15克、老姜片10克、水800毫升

调味料 seasoning
盐1/2小匙、鸡精1/2小匙、绍兴酒1小匙

做法 recipe
1. 梅花排剁小块，汆烫洗净，备用。
2. 玉米洗净切段，胡萝卜洗净切滚刀块，分别汆烫后沥干，备用。
3. 小鱼干洗净后沥干，备用。
4. 取电锅内锅，放入梅花排、玉米段、胡萝卜块、小鱼干，再加入老姜片、800毫升水及所有调味料。
5. 将做法4的内锅放入电锅里，外锅加1杯水，盖上锅盖，按下开关，煮至开关跳起，捞除姜片即可。

海带排骨汤

材料 ingredient
梅花排200克、海带100克、胡萝卜80克、老姜片15克、水800毫升

调味料 seasoning
盐1/2小匙、米酒1小匙

做法 recipe
1. 梅花排剁小块，汆烫洗净，备用。
2. 海带冲水略洗，剪成3厘米长的段，备用。
3. 胡萝卜去皮切滚刀块，备用。
4. 取电锅内锅，放入梅花排、海带段、胡萝卜块，再加入老姜片、800毫升水及所有调味料。
5. 将做法4的内锅放入电锅里，外锅加1杯水，盖上锅盖，按下开关，煮至开关跳起，捞除姜片即可。

黄瓜排骨汤

材料 ingredient
排骨300克、大黄瓜500克、姜片15克、水800毫升

调味料 seasoning
盐1/2小匙、鸡精1/4小匙、米酒20毫升

做法 recipe
1. 排骨剁小块，大黄瓜去皮去籽切小块，一起放入滚水中汆烫约10秒，取出洗净，与姜片一起放入内锅中，锅中再倒入米酒和800毫升水。
2. 电锅外锅加1杯水，放入内锅。
3. 按下开关，蒸至开关跳起，加入其余调味料即可。

冬瓜排骨汤

材料 ingredient
冬瓜·················· 600克
排骨·················· 300克
姜丝·················· 15克
水·················· 800毫升

调味料 seasoning
盐·················· 适量

做法 recipe
1. 冬瓜去皮，洗净切小块，排骨剁小块，用开水洗净沥干，备用。
2. 取电锅内锅，放入排骨块、冬瓜块、姜丝及800毫升水。
3. 内锅放入电锅中，外锅加2杯水，盖锅盖后按下开关，待开关跳起，加盐调味即可。

苦瓜排骨汤

材料 ingredient
排骨300克、青苦瓜1/2根、小鱼干10克、水800毫升

调味料 seasoning
盐少许

做法 recipe
1. 青苦瓜洗净去籽、去白膜，切段备用。
2. 小鱼干泡水软化沥干，排骨剁小块，用开水洗净沥干，备用。
3. 取一内锅，放入排骨块、苦瓜、小鱼干及800毫升水。
4. 将内锅放入电锅中，外锅加2杯水，盖上锅盖，按下开关，待开关跳起，加盐调味即可。

🍲 小常识

苦瓜的苦味大部分来自苦瓜籽以及里面的那层白膜，刮除干净后，苦瓜吃起来就不会那么苦。

青木瓜腩排汤

材料 ingredient
腩排200克、青木瓜100克、姜片10克、葱白2根、水800毫升

调味料 seasoning
盐1/2小匙、鸡精1/2小匙、绍兴酒1小匙

做法 recipe
1. 腩排剁小块，汆烫洗净，备用。
2. 青木瓜去皮切块洗净，汆烫后沥干，备用。
3. 姜片、葱白用牙签串起，备用。
4. 取电锅内锅，放入腩排块、青木瓜块、葱白、姜片，再加入800毫升水及所有调味料。
5. 将做法4的内锅放入电锅里，外锅加1杯水，盖上锅盖，按下开关，煮至开关跳起，捞除姜片、葱白即可。

黄花菜排骨汤

材料 ingredient
排骨300克、干黄花菜20克、香菜适量、水800毫升

调味料 seasoning
盐少许

做法 recipe
1. 干黄花菜泡水软化沥干，排骨剁小块，用开水洗净沥干，备用。
2. 取电锅内锅，放入排骨块、黄花菜及800毫升水。
3. 将内锅放入电锅中，外锅加1杯水，盖上锅盖，按下开关，待开关跳起，加入盐调味，撒上香菜即可。

🍚 小常识
选购干黄花菜时要选择颜色不太黄的，如果颜色太鲜艳可能是加了过多的化学添加物，另外花的形状要完好，以花瓣没有明显脱落的为佳。

大头菜排骨汤

材料 ingredient
排骨·················· 300克
大头菜················· 1/2个
老姜·················· 30克
葱···················· 1根
水··················· 600毫升

调味料 seasoning
盐·················· 1小匙

做法 recipe
1. 排骨洗净剁小块，放入滚水汆烫后捞出备用。
2. 大头菜洗净去皮，切滚刀块，放入滚水汆烫后捞出备用。
3. 老姜洗净去皮切片，葱只取葱白洗净，备用。
4. 将所有食材、600毫升水和盐，放入内锅中，外锅加1杯水，按下开关，煮至开关跳起，捞除葱白即可。

莲藕排骨汤

材料 ingredient

腩排············ 200克
莲藕············ 100克
陈皮············· 1片
老姜片·········· 10克
葱白············· 2根
水············ 800毫升

调味料 seasoning

盐·············1/2小匙
鸡精···········1/2小匙
绍兴酒········· 1小匙

做法 recipe

1. 腩排剁小块，氽烫洗净，备用。
2. 莲藕去皮洗净切块，氽烫后沥干；陈皮洗净泡软，刮去内部白膜，备用。
3. 姜片、葱白用牙签串起，备用。
4. 取一内锅，放入腩排块、莲藕块、陈皮、姜片、葱白，再加800毫升水及所有调味料。
5. 将内锅放入电锅里，外锅加1杯水，盖上锅盖、按下开关，煮至开关跳起，捞除姜片、葱白即可。

🍲 **小常识**

　　莲藕的前端比较细小幼嫩，口感较清脆，适合凉拌、清炒等时间较短的烹调方式；较粗大的后段则适合制作需长时间炖煮的汤品。

南瓜排骨汤

材料 ingredient

腩排············ 200克
南瓜············ 100克
姜片············ 15克
葱白 ············ 2根
水 ············ 800毫升

调味料 seasoning

盐·············1/2小匙
鸡精··········1/2小匙
绍兴酒········ 1小匙

做法 recipe

1. 腩排剁小块、氽烫洗净，备用。
2. 南瓜去皮洗净切块，氽烫后沥干，备用。
3. 姜片、葱白用牙签串起，备用。
4. 将所有食材放入内锅中，再加800毫升水及所有调味料。
5. 将内锅放入电锅里，外锅加1杯水，盖上锅盖、按下开关，煮至开关跳起，捞除姜片、葱白即可。

菜豆干排骨汤

材料 ingredient

排骨·················· 300克
菜豆干················· 50克
水···················· 800毫升

调味料 seasoning

盐···················· 少许

做法 recipe

1. 菜豆干洗净泡水，排骨剁小块，用开水洗净沥干，备用。
2. 取电锅内锅，放入排骨块、菜豆干及800毫升水。
3. 将内锅放入电锅中，外锅加1杯水，盖上锅盖，按下开关，待开关跳起，加盐调味即可。

花生米豆排骨汤

材料 ingredient

小排200克、脱皮花生2大匙、米豆1大匙、红枣5颗、姜片10克、葱白2根、水800毫升

调味料 seasoning

盐1/2小匙、鸡精1/2小匙

做法 recipe

1. 脱皮花生、米豆泡水约8小时后洗净沥干，红枣洗净，备用。
2. 排骨剁小块、氽烫洗净，备用。
3. 姜片、葱白用牙签串起，备用。
4. 取电锅内锅，放入所有材料，再加800毫升水及所有调味料。
5. 将内锅放入电锅里，外锅加1杯水，盖上锅盖，按下开关，煮至开关跳起，捞除姜片、葱白即可。

红白萝卜肉骨汤

材料 ingredient

腩排200克、白萝卜80克、胡萝卜50克、蜜枣1颗、陈皮1片、罗汉果1/4个、南杏1小匙、老姜片15克、葱白2根、水800毫升

调味料 seasoning

盐1/2小匙、鸡精1/2小匙、绍兴酒1小匙

做法 recipe

1. 蜜枣洗净；陈皮洗净泡水至软，刮去白膜；南杏洗净泡水8小时；罗汉果去壳，备用。
2. 腩排剁小块，氽烫洗净；姜片、葱白用牙签串起，备用。
3. 胡萝卜、白萝卜去皮洗净，切滚刀块，氽烫后沥干，备用。
4. 取电锅内锅，放入做法1、做法2、做法3的材料，再加800毫升水及所有调味料。
5. 将做法4的内锅放入电锅里，外锅加1杯水，盖上锅盖、按下开关，煮至开关跳起，捞除姜片、葱白即可。

糙米黑豆排骨汤

材料 ingredient

排骨200克、糙米60克、黑豆20克、姜片10克、水800毫升

调味料 seasoning

盐2小匙、鸡精1小匙、米酒1小匙

做法 recipe

1. 将糙米与黑豆洗净后泡水，糙米浸泡30分钟，黑豆浸泡2小时。
2. 排骨剁成约4厘米长的段，氽烫2分钟，捞起用冷水冲洗去除肉上的杂质血污。
3. 内锅加800毫升水、浸泡好的糙米、黑豆及排骨、姜片，放入电锅中，外锅加2杯水，按下开关，待开关跳起。
4. 将所有调味料放入内锅，外锅再加1/2杯水续煮一次即可。

胡椒猪肚汤

材料 ingredient
猪肚1个、干白果1大匙、腐竹1根、老姜10片、葱白4根、水800毫升

调味料 seasoning
盐1/2小匙、鸡精1/2小匙、米酒1大匙、白胡椒粒1大匙

做法 recipe
1. 猪肚剪去外表的油脂，翻面加2大匙盐搓洗后用水冲净，再加2大匙白醋搓洗冲净，放入滚水中汆烫3分钟，捞出刮去白膜，即为处理干净的猪肚，备用。
2. 干白果洗净，泡水8小时后捞出；腐竹泡软，切5厘米长的段；白胡椒粒放砧板上，用刀面压破；姜片、葱白用牙签串起，备用。
3. 取电锅内锅，放入做法1、做法2的材料，再加800毫升水及所有调味料。
4. 将内锅放入电锅里，外锅加2杯水，盖上锅盖，按下开关，煮至开关跳起，捞除姜片、葱白，取出猪肚用剪刀剪小块后放回汤中即可。

酸菜猪肚汤

材料 ingredient
猪肚1个、酸菜心1个、姜片30克、水1000毫升

调味料 seasoning
A. 葱2根、姜50克、八角4颗
B. 盐1/2小匙、胡椒粉适量

做法 recipe
1. 将酸菜心切小块，冲洗干净备用。猪肚处理干净，备用。
2. 滚水中加入调味料A，放入猪肚，用小火煮半小时捞出。
3. 将做法1的酸菜心块，做法2的猪肚、姜片、1000毫升水和盐，全部放入电锅内锅中，外锅加2杯水，按下开关，煮至开关跳起，取出猪肚，待凉后切适当大小，再放回内锅并撒入胡椒粉即可。

熏腿肉白菜汤

材料 ingredient
熏腿骨1根（带碎肉）、包心白菜200克、香菜少许、水800毫升

调味料 seasoning
盐少许

做法 recipe
1. 熏腿骨剁小块，包心白菜洗净，切段备用。
2. 取电锅内锅，放入做法1的白菜、熏腿骨块及800毫升水。
3. 将内锅放入电锅中，外锅加2杯水，盖上锅盖，按下开关，待开关跳起加盐、香菜即可。

🍚 小常识
带有碎肉的熏腿骨可在超市卖烟熏火腿的专柜购得，通常是熏火腿肉切片后剩下的骨头与碎肉部位，所以价格便宜，但是因为风味浓郁，非常适合用来熬汤头。用熏腿骨熬出来的汤，风味就像加了金华火腿一样鲜美。

菠菜猪肝汤

材料 ingredient
猪肝600克、姜丝20克、菠菜50克、水800毫升

调味料 seasoning
盐1小匙、米酒30毫升

做法 recipe
1. 菠菜洗净切段，猪肝洗净切片，备用。
2. 将所有材料、米酒、800毫升水放入电锅内锅中，外锅加1/2杯水，盖上锅盖，按下开关，待开关跳起，加盐调味即可。

🍚 小常识
猪肝很容易熟，煮太久口感会变干涩，所以外锅千万不要加太多水。若喜欢更软嫩的口感，可于电锅煮至冒出蒸汽再放入猪肝，缩短烹煮的时间。

罗宋汤

材料 ingredient

牛肋条300克、西红柿1
个、洋葱1/2个、圆白菜1/4
个、水800毫升

调味料 seasoning

盐少许、西红柿糊1杯、油
少许

做法 recipe

1. 牛肋条用开水清洗后切丁，西红柿、洋葱、圆白菜洗净切
   丁，备用。
2. 电锅外锅洗净，按下开关加热，外锅中倒入少许油，放入做
   法1的洋葱丁爆香，再放入牛肋条丁炒至焦黄。
3. 放入西红柿丁、圆白菜丁、西红柿糊及800毫升水。
4. 盖上锅盖炖煮约20分钟后，开盖加盐调味即可。

🍲 小常识

可以直接用电锅外锅爆炒材料，再加入其他食材
炖煮，不过因为是直接用外锅来装食材，所以炖煮时
不能等到开关跳起，否则可能会导致整锅汤都干掉。

西红柿牛肉汤

材料 ingredient

牛腱心·····················1个
西红柿·····················1个
葱··························2根
水····················· 800毫升

调味料 seasoning

豆瓣酱·····················3大匙
盐······················· 少许
油······················· 少许

做法 recipe

1. 牛腱心用开水清洗后切块，西红柿切块，葱切段，备用。
2. 外锅洗净，按下开关加热，外锅中倒入少许油，放入做法1的葱段爆香，再放入牛腱心块炒至焦黄。
3. 加入豆瓣酱炒香后，放入做法1的西红柿块及800毫升水 。
4. 盖上锅盖炖煮约60分钟，开盖加盐调味即可。

西红柿土豆牛腱汤

材料 ingredient

牛腱心约350克、土豆120克、西红柿2个、老姜片10克、葱白2根、水800毫升

调味料 seasoning

盐1/2小匙、鸡精1/2小匙、绍兴酒1小匙

做法 recipe

1. 牛腱心切小块、氽烫洗净，备用。
2. 土豆去皮切块、氽烫后沥干，西红柿洗净切块，备用。
3. 姜片、葱白用牙签串起，备用。
4. 取一内锅，放入做法1、做法2、做法3的材料，再加800毫升水及所有调味料。
5. 将做法4的内锅放入电锅里，外锅加1杯水，盖上锅盖、按下开关，煮至开关跳起，捞除姜片、葱白即可。

清炖牛肉汤

材料 ingredient

牛腱心………………… 1个
白萝卜…………… 150克
香菜…………………… 30克
水……………… 800毫升

调味料 seasoning

盐…………………… 少许
白胡椒粒………………5克

做法 recipe

1. 牛腱心用开水清洗后切块，白萝卜去皮切大块，香菜洗净，白胡椒粒拍扁，备用。
2. 取一内锅，放入做法1的牛腱心块、白萝卜块、香菜、白胡椒粒及800毫升水。
3. 将内锅放入电锅中，外锅加3杯水，盖上锅盖，按下开关，待开关跳起，加盐调味即可。

红烧牛肉汤

材料 ingredient

牛腩300克、胡萝卜150克、姜3片、青葱2根、水800毫升

调味料 seasoning

黑豆瓣酱2大匙、辣椒酱1大匙、花椒粒2克、大茴粉8克、肉桂粉5克、色拉油少许

做法 recipe

1. 牛腩洗净，用开水冲洗切块；胡萝卜洗净切块；青葱洗净切段，备用。
2. 取一电锅，放入空内锅，外锅倒1/4杯水，盖上盖子、按下开关，待内锅热时倒入少许色拉油，放入姜片、青葱段、花椒粒爆香，再放入黑豆瓣酱、辣椒酱炒香。
3. 于做法2的内锅中加800毫升水，放入胡萝卜块、牛腩块、大茴粉、肉桂粉，外锅加2.5杯水，盖上盖子、按下开关，煮至开关跳起即可。

香菇鸡汤

材料 ingredient

鸡肉块600克、干香菇12朵、红枣6颗、姜片5克、水1200毫升

调味料 seasoning

盐1.5小匙、米酒2大匙

做法 recipe

1. 鸡肉块放入开水中氽烫去血水，干香菇泡水，备用。
2. 将所有材料与米酒、1200毫升水放入电锅内锅，外锅加1杯水，盖上锅盖，按下开关，待开关跳起，续焖30分钟后，加盐调味即可。

 小常识

　　香菇鸡汤可以用干香菇也可以用鲜香菇，干香菇因为晒干后风味经过浓缩，味道会更浓郁，所以泡香菇的水不要丢弃，可以加入汤中炖煮，精华都在汤里面。

清炖鸡汤

材料 ingredient

鸡肉块600克、姜片5克、葱段30克、水1200毫升

调味料 seasoning

盐1.5小匙、绍兴酒4大匙

做法 recipe

1. 鸡肉块放入开水中氽烫去血水备用。
2. 将所有材料、绍兴酒与1200毫升水放入电锅内锅中，外锅加1杯水，盖上锅盖，按下开关，待开关跳起，续焖30分钟后，加盐调味即可。

小常识

　　绍兴酒除了可以去腥之外，特殊的香气还可以使菜肴增色不少，因为清炖鸡汤的材料简单，用绍兴酒正好可以增加鸡汤的风味。

芥菜蛤蜊鸡汤

材料 ingredient

小土鸡1只、芥菜适量、蛤蜊15个、水1500毫升

调味料 seasoning

盐少许

做法 recipe

1. 土鸡洗净，芥菜洗净，对剖两半；蛤蜊洗净，泡水吐沙；备用。
2. 电锅内锅中放入芥菜、蛤蜊、土鸡及水；放入电锅中，外锅加2杯水，按下开关，待开关跳起，开盖加盐调味即可。

🍲 小常识

炖鸡汤是很多人都喜爱的一道菜，而用电锅煮汤是最明智的选择。只要外锅加入适量水，就能煮出口感清爽的好汤。

花瓜香菇鸡汤

材料 ingredient

鸡腿块	200克
罐头花瓜	50克
干香菇	5朵
水	800毫升

调味料 seasoning

酱油·······················1大匙

做法 recipe

1. 鸡腿块洗净，干香菇洗净，泡入水中至软，备用。
2. 在电锅内锅中放入罐头花瓜、鸡腿块、泡开的干香菇和调味料，加水800毫升，放入电锅内，外锅加2杯水，按下开关，煮至开关跳起即可。

芥菜鸡汤

材料 ingredient

土鸡1/2只、芥菜200克、干贝2个、姜30克、枸杞子1大匙、水1000毫升

调味料 seasoning

盐少许、米酒2大匙

做法 recipe

1. 干贝洗净泡米酒，放入电锅内锅中，外锅加1/2杯水，蒸10分钟至干贝软化，取出剥丝备用。
2. 土鸡切大块，用开水洗净，沥干备用。
3. 芥菜洗净切段，姜洗净切丝，枸杞子洗净沥干，备用。
4. 在电锅内锅中放入土鸡块、芥菜段、姜丝、枸杞子及1000毫升水，撒上做法1的干贝丝。
5. 将内锅放入电锅中，外锅加2杯水，盖上锅盖，按下开关，待开关跳起，加盐调味即可。

萝卜干鸡汤

材料 ingredient

鸡腿·················· 1只
老萝卜干············· 5片
蒜····················· 5瓣
水··················· 800毫升

做法 recipe

1. 老萝卜干洗净，蒜瓣拍扁，备用。
2. 鸡腿切大块，用开水洗净沥干备用。
3. 取电锅内锅，放入鸡块、老萝卜干、蒜瓣及800毫升水。
4. 将内锅放入电锅，外锅加2杯水，盖上锅盖，按下开关，煮至开关跳起即可。

 小常识

　　在取用老萝卜干时，须使用没有水分而且干净的工具，以免让一整瓶的老萝卜干因受到污染而发霉。

125

蛤蜊冬瓜鸡汤

材料 ingredient
鸡肉块⋯⋯⋯⋯⋯⋯ 400克
蛤蜊⋯⋯⋯⋯⋯⋯⋯ 200克
冬瓜⋯⋯⋯⋯⋯⋯⋯ 300克
姜片⋯⋯⋯⋯⋯⋯⋯⋯5克
水⋯⋯⋯⋯⋯⋯⋯ 1000毫升

调味料 seasoning
盐⋯⋯⋯⋯⋯⋯⋯⋯ 1.5小匙
米酒⋯⋯⋯⋯⋯⋯⋯⋯2大匙

做法 recipe
1. 鸡肉块放入开水中汆烫去血水，蛤蜊浸泡清水吐沙后洗净，冬瓜去皮洗净切块，备用。
2. 将所有材料与米酒、1000毫升水放入电锅内锅中，外锅加1杯水，盖上锅盖，按下开关，待开关跳起，加盐调味即可。

香菇凤爪汤

材料 ingredient
肉鸡脚⋯⋯⋯⋯⋯⋯ 300克
泡发香菇⋯⋯⋯⋯⋯⋯ 6朵
姜片⋯⋯⋯⋯⋯⋯⋯ 20克
水⋯⋯⋯⋯⋯⋯⋯ 600毫升

调味料 seasoning
盐⋯⋯⋯⋯⋯⋯⋯⋯ 1/2小匙
鸡精⋯⋯⋯⋯⋯⋯⋯ 1/4小匙
米酒⋯⋯⋯⋯⋯⋯⋯ 40毫升

做法 recipe
1. 将鸡脚处理干净，去掉胫骨，放入滚水中汆烫约10秒后洗净，泡发香菇与鸡脚、姜片一起放入电锅内锅中，倒入600毫升水及米酒。
2. 电锅外锅加1杯水，放入做法1的内锅。
3. 按下开关，蒸至开关跳起，加入其余调味料即可。

白菜凤爪汤

材料 ingredient

包心大白菜········ 400克
鸡脚················· 10只
姜···················· 4片
葱段················· 1根
水················· 500毫升

调味料 seasoning

盐·····················1小匙

做法 recipe

1. 包心大白菜剥成大片洗净，放入滚水氽烫捞出，用冷水冲凉沥干备用。
2. 鸡脚剪掉爪尖再剁半，放入滚水氽烫后捞出备用。
3. 将做法1、做法2的材料，姜片、葱段、500毫升水和调味料，全部放入电锅内锅中，外锅加1杯水，按下开关，蒸至开关跳起即可。

栗子凤爪汤

材料 ingredient

鸡脚10只、栗子8颗、红枣6颗、老姜片15克、葱白2根、水800毫升

调味料 seasoning

盐1/2小匙、鸡精1/2小匙、绍兴酒1小匙

做法 recipe

1. 鸡脚剁去爪尖、氽烫洗净，备用。
2. 栗子在热水中浸泡、挑去余皮洗净；红枣洗净，备用。
3. 姜片、葱白用牙签串起，备用。
4. 取电锅内锅，放入做法1、做法2、做法3的材料，再加800毫升水及所有调味料。
5. 将做法4的内锅放入电锅里，外锅加1.5杯水，盖上锅盖、按下开关，煮至开关跳起，捞除姜片、葱白即可。

菠萝苦瓜鸡汤

材料 ingredient
鸡腿1只、苦瓜1/2个、小鱼干10克、水800毫升

调味料 seasoning
酱菠萝2大匙

做法 recipe
1. 鸡腿切大块，用开水洗净沥干；小鱼干洗净，泡水软化沥干；苦瓜去内膜、去籽切条，备用。
2. 取电锅内锅，放入鸡腿块、小鱼干、苦瓜、酱菠萝及800毫升水。
3. 将内锅放入电锅中，外锅加2杯水，盖上锅盖，按下开关，煮至开关跳起即可。

🍲 小常识
　　煮肉之前最好先汆烫，可去除污血也可锁住肉的鲜味，煮好的汤头会更清澈。不过汆烫最好另起一锅水；用开水冲洗肉的表面，也有同样的效果。

竹笋鸡汤

材料 ingredient
竹笋·····················2个
鸡腿·····················1只
姜······················ 4片
水···················· 800毫升

调味料 seasoning
酱冬瓜·····················2大匙

做法 recipe
1. 竹笋剥壳切块备用(若无新鲜竹笋，可用真空包绿竹笋)。
2. 鸡腿切大块，用开水洗净沥干备用。
3. 取电锅内锅，放入竹笋块、土鸡块、酱冬瓜、姜片及800毫升水。
4. 将内锅放入电锅中，外锅加2杯水，盖上锅盖，按下开关，待开关跳起即可。

蒜子鸡汤

材料 ingredient

土鸡·················· 200克
蒜····················· 80克
水·················· 600毫升

调味料 seasoning

盐····················· 1/2小匙
鸡精···················· 1/4小匙
米酒···················· 40毫升

做法 recipe

1. 将土鸡剁小块加滚水汆烫，与蒜一起放入内锅中，内锅再倒入600毫升水及米酒。
2. 电锅外锅加1杯水，放入做法1的内锅。
3. 按下开关，蒸至开关跳起，加入其余调味料即可。

蒜子蚬鸡汤

材料 ingredient

鸡肉块················· 400克
蚬··················· 200克
蒜··················· 50克
姜片·················· 10克
水·················· 800毫升

调味料 seasoning

盐····················· 1小匙
米酒··················· 2大匙

做法 recipe

1. 鸡肉块放入开水中汆烫去血水，蚬放入清水中吐沙后洗净，备用。
2. 将所有材料与米酒、800毫升水放入电锅内锅，外锅加1/2杯水，盖上锅盖，按下开关，待开关跳起，续焖30分钟，加盐调味即可。

萝卜炖鸡汤

材料 ingredient
土鸡1/4只、白萝卜300克、老姜30克、葱1根、水600毫升

调味料 seasoning
盐1小匙、米酒1大匙

做法 recipe
1. 土鸡剁小块，放入滚水中氽烫1分钟捞出备用。
2. 白萝卜去皮切滚刀块，放入滚水中氽烫1分钟捞出备用。
3. 老姜去皮洗净切片；葱洗净切段，备用。
4. 将做法1~3的所有食材、600毫升水和调味料，放入电锅内锅中，外锅加1杯水，蒸至开关跳起，捞除葱段即可。

牛蒡鸡汤

材料 ingredient

棒棒鸡腿·····················2只
红枣····················· 6颗
牛蒡茶包·····················1包
水····················· 600毫升

调味料 seasoning

盐····················· 适量

做法 recipe

1. 红枣洗净备用。
2. 棒棒鸡腿用开水洗净，沥干备用。
3. 取电锅内锅，放入棒棒鸡腿、红枣、牛蒡茶包及600毫升水。
4. 将内锅放入电锅，外锅加1杯水，盖上锅盖，按下开关，待开关跳起，加盐调味即可。

131

胡椒黄瓜鸡汤

材料 ingredient
土鸡1/2只、大黄瓜1/2根、白胡椒粒1.5小匙、水800毫升

调味料 seasoning
盐1/2小匙、鸡精1/2小匙、绍兴酒1小匙

做法 recipe
1. 土鸡剁小块，汆烫洗净；大黄瓜去皮、去籽后洗净，切块；白胡椒粒放砧板上，用刀面压破，备用。
2. 电锅内锅中放入做法1的材料、800毫升水及所有调味料。
3. 将内锅放入电锅里，外锅加1杯水，盖上锅盖，按下开关，煮至开关跳起即可。

香菇竹荪鸡汤

材料 ingredient

土鸡1/2只、干香菇8朵、竹荪5朵、老姜片10克、葱白2根、水800毫升

调味料 seasoning

盐1/2小匙、鸡精1/2小匙、绍兴酒1小匙

做法 recipe

1. 土鸡剁小块，汆烫洗净；老姜片、葱白用牙签串起；干香菇泡水至软，剪掉蒂头洗净；竹荪泡水洗净，剪成3厘米长的段，备用。
2. 取电锅内锅，放入做法1的所有材料，再加800毫升水及所有调味料。
3. 将内锅放入电锅里，外锅加1杯水，盖上锅盖，按下开关，煮至开关跳起，捞除姜片、葱白即可。

🍲 小常识

　　煮汤要用干香菇才会散发出独有的香气，用新鲜香菇味道会偏淡。

干贝竹荪鸡汤

材料 ingredient

土鸡600克、干贝7个、竹荪10朵、姜片20克、水1500毫升

调味料 seasoning

盐2小匙、鸡精1小匙、米酒50克

做法 recipe

1. 干贝用清水洗净泡水（盖过干贝），放入电锅内锅中，外锅加1/2杯水蒸30分钟，蒸毕，倒掉内锅中的水，备用。
2. 土鸡用开水汆烫5分钟至皮缩，捞出过冷水备用。
3. 将竹荪泡水约20分钟至软，捞出切成2厘米长的段，再用滚水汆烫1分钟，捞出过冷水，用清水洗净竹荪内的细沙备用。
4. 取做法1的内锅，加1500毫升水，再把处理好的土鸡、竹荪及姜片、所有调味料放入内锅中，外锅加2杯水，按下开关，煮至开关跳起即可。

山药乌骨鸡汤

材料 ingredient
乌骨鸡1/4只、山药150克、枸杞子1小匙、老姜片10克、葱白2根、水800毫升

调味料 seasoning
盐1/2小匙、鸡精1/2小匙、绍兴酒1小匙

做法 recipe
1. 乌骨鸡剁小块，汆烫洗净，备用。
2. 山药去皮切块，汆烫后过冷水，备用。
3. 姜片、葱白用牙签串起，备用。
4. 电锅内锅中，放入做法1、做法2、做法3的材料，再加入枸杞子、800毫升水及所有调味料。
5. 将做法4的内锅放入电锅，外锅加1杯水，盖上锅盖，按下开关，煮至开关跳起，捞除姜片、葱白即可。

茶油鸡汤

材料 ingredient
鸡翅	500克
茶油	3大匙
姜片	20克
枸杞子	10克
水	800毫升

调味料 seasoning
| 盐 | 少许 |
| 米酒 | 200毫升 |

做法 recipe
1. 鸡翅洗净，放入开水中烫去血水后捞起，用冷水洗净备用。
2. 将茶油、姜片，做法1的鸡翅、米酒和800毫升水放入电锅内锅中。
3. 外锅加1杯水，按下开关，煮至开关跳起，再焖5分钟，加入枸杞子与盐即可。

木耳鸡翅汤

材料 ingredient

二节鸡翅···················5只
新鲜黑木耳·········· 150克
红枣····················· 6颗
姜······················ 10克
水···················· 600毫升

调味料 seasoning

盐························ 适量

做法 recipe

1. 黑木耳洗净、去蒂头，放入果汁机加少许水打成糊；姜切丝；红枣洗净，备用。
2. 鸡翅用开水洗净，沥干备用。
3. 电锅内锅中放入黑木耳糊、红枣、鸡翅、姜丝及600毫升水。
4. 将内锅放入电锅，外锅加1杯水，盖上锅盖，按下开关，待开关跳起，加盐调味即可。

🍚 小常识

黑木耳打碎后再烹煮会产生很多的胶质，加上鸡翅也富含大量的胶质，因此这碗汤虽然是清汤，但却有羹汤一般浓稠的口感。

糙米浆鸡汤

材料 ingredient

土鸡·····················1/2只
糙米·····················100克
红枣·····················12颗
川芎·····················3片
枸杞子·····················10克
姜·····················2片
水·····················1500毫升

调味料 seasoning

盐·····················1小匙
米酒·····················100毫升

做法 recipe

1. 糙米洗净，泡水约5小时，沥干放入果汁机中，再加入800毫升的水一起搅打成米浆，再以剩余700毫升的水拌匀备用。
2. 将红枣、川芎、枸杞子分别洗净、沥干，备用。
3. 土鸡洗净切大块，放入开水中汆烫后捞出，冲去污血备用。
4. 电锅内锅中，放入做法1、做法2、做法3的材料，再加入姜片、米酒，外锅加1.5杯水，按下开关，煮至开关跳起，加盐调味即可。

酸菜鸭汤

材料 ingredient

鸭肉·················· 300克
酸菜心··············· 100克
姜片··················· 15克
水···················· 600毫升

调味料 seasoning

盐···················· 1/2小匙
鸡精················· 1/4小匙
米酒················· 20毫升

做法 recipe

1. 鸭肉剁小块，酸菜心切片，一起放入滚水中氽烫约10秒，取出洗净，与姜片一起放入内锅中，倒入600毫升水、米酒。
2. 电锅外锅加1杯水，放入做法1的内锅。
3. 按下开关，蒸至开关跳起，加入其余调味料即可。

姜丝豆酱炖鸭汤

材料 ingredient

米鸭·················· 500克
老姜··················· 50克
水··················· 1000毫升

调味料 seasoning

盐···················· 少许
鸡精················· 少许
客家豆酱·············5大匙

做法 recipe

1. 米鸭剁小块，放入滚水中氽烫后捞出备用。
2. 老姜去皮，切细丝备用。
3. 将做法1、做法2的食材，所有调味料和1000毫升水放入内锅中，再将内锅放入电锅，外锅加2杯水，按下开关，煮至开关跳起即可。

鲜鱼味噌汤

材料 ingredient

鲜鱼·····························1条
葱·····························1根
水························ 400毫升

调味料 seasoning

味噌····················· 4大匙

做法 recipe

1. 鲜鱼去鳞去内脏，洗净切块；葱洗净切葱花，备用。
2. 取电锅内锅，加400毫升水后放入电锅中，外锅加1杯水，盖上锅盖，按下开关。
3. 待做法2的水烧开后放入做法1的鲜鱼块，盖上锅盖，待水再度滚沸时，放入味噌搅拌均匀，撒入葱花即可。

山药鲈鱼汤

材料 ingredient

鲈鱼····················· 700克
山药····················· 200克
姜丝····················· 10克
枸杞子····················· 10克
水····················· 800毫升

调味料 seasoning

盐·····················1小匙
米酒····················· 30毫升

做法 recipe

1. 鲈鱼洗净后切块，山药去皮切小块，备用。
2. 将所有材料与米酒放入电锅内锅，外锅加1/2杯水，盖上锅盖，按下开关，待开关跳起，加盐调味即可。

西红柿鱼汤

材料 ingredient

炸鱼	1条
西红柿	1个
葱	1根
水	1000毫升

调味料 seasoning

盐	少许
白砂糖	1大匙
番茄酱	5大匙

做法 recipe

1. 炸鱼切块，葱洗净切段，西红柿洗净，去蒂头切块，备用。
2. 电锅内锅中，放入葱段、西红柿块、番茄酱、白砂糖、1000毫升水，外锅加1杯水，按下开关。
3. 待开关跳起，放入炸鱼块，外锅再加1/2杯水，按下开关，待开关再次跳起，加盐调味即可。

🍚 小常识

　　煮汤用炸鱼可让鱼的肉质变得易入口，搭配西红柿同煮美味且香气十足。

姜丝鲫鱼汤

材料 ingredient
鲫鱼1条（约180克）、豆腐200克、姜丝20克、香菜适量、水800毫升

调味料 seasoning
盐1/2小匙、鸡精1/4小匙、米酒1小匙、香油1/4小匙

做法 recipe
1. 鲫鱼洗净置于内锅中，豆腐切小块，与姜丝、800毫升水一起放入内锅中。
2. 电锅外锅加1杯水，放入做法1的内锅，盖上锅盖，按下开关，蒸至开关跳起。
3. 取出做法2的鱼汤，加入盐、鸡精、米酒及香油调味，撒上香菜即可。

蒜姜炖鳗鱼汤

材料 ingredient
鳗鱼400克、蒜80克、姜片10克、水800毫升

调味料 seasoning
盐1/2小匙、鸡精1/4小匙、米酒1小匙

做法 recipe
1. 鳗鱼洗净，切小段置于电锅内锅中，再将蒜、米酒、姜片、800毫升水一起放入内锅中。
2. 电锅外锅加1杯水，放入内锅，盖上锅盖，按下开关，蒸至开关跳起。
3. 取出做法2的鳗鱼汤，加入盐、鸡精调味即可。

枸杞鲜鱼汤

材料 ingredient

鲜鱼	1条
枸杞子	1大匙
姜	30克
葱	1根
水	400毫升

调味料 seasoning

盐	少许
米酒	2大匙

做法 recipe

1. 鲜鱼去鳞去内脏，洗净切大块；姜洗净切丝；枸杞子洗净；葱洗净切段，备用。
2. 取电锅内锅，加入400毫升水放入电锅中，外锅加1/2杯水，盖上锅盖，按下开关。
3. 待做法2的内锅中水开后开盖，放入做法1的鲜鱼、枸杞子、姜丝、葱段、米酒。
4. 外锅再加1/2杯水，盖上锅盖，按下开关，待开关跳起，加盐调味即可。

 小常识

　　鱼肉非常容易熟，如果炖煮太久肉质会变老变涩且容易散开，吃起来口感就不好了。外锅先用1/2杯水将内锅中的水煮沸后，再加1/2杯水，放入鱼肉炖煮就不会煮过头。

鲜蚬汤

材料 ingredient
蚬600克、姜20克、葱花少许、水400毫升

调味料 seasoning
盐少许、米酒2大匙

做法 recipe
1. 姜洗净切丝；蚬泡水吐沙洗净，备用。
2. 电锅内锅加400毫升水，外锅加1/2杯水，盖上锅盖，按下开关。
3. 待内锅中的水开后开盖，放入姜丝、蚬、米酒。
4. 电锅外锅再加1/2杯水，盖上锅盖，按下开关，待开关跳起，加盐调味，撒上葱花即可。

冬瓜干贝汤

材料 ingredient
冬瓜600克、干贝2个、火腿2片、水600毫升

调味料 seasoning
盐少许、米酒适量

做法 recipe
1. 冬瓜去籽去皮洗净，加1杯水用果汁机打成泥；火腿切末，备用。
2. 干贝泡米酒放入电锅内锅中，外锅加1/2杯水，盖上锅盖，按下开关，蒸10分钟后取出剥丝备用。
3. 取电锅内锅，放入做法1的冬瓜泥、火腿末、做法2的干贝丝及600毫升水。
4. 将内锅放入电锅中，外锅加1杯水，盖上锅盖，按下开关，待开关跳起，加盐调味即可。

黄豆芽蛤蜊泡菜汤

材料 ingredient

黄豆芽·················· 100克
蛤蜊····················· 6个
嫩豆腐·····················1块
韩式泡菜·············· 100克
水················· 600毫升

调味料 seasoning

韩式辣椒酱·············3大匙
韩式辣椒粉·············2大匙
盐················· 少许

做法 recipe

1. 黄豆芽洗净，蛤蜊泡水吐沙洗净，嫩豆腐切小块，备用。
2. 取电锅内锅，放入做法1的黄豆芽、韩式泡菜、韩式辣椒酱、韩式辣椒粉及600毫升水。
3. 将做法2的内锅放入电锅中，外锅加1杯水，盖上锅盖，按下开关。
4. 待开关跳起，放入蛤蜊和嫩豆腐，外锅再放1/2杯水，盖上锅盖，按下开关，待开关再次跳起，加盐调味即可。

牡蛎萝卜泥汤

材料 ingredient
牡蛎肉300克、萝卜1个（约200克）、淀粉适量、水300毫升

调味料 seasoning
酱油3大匙、盐1/2小匙

做法 recipe
1. 萝卜洗净磨泥；牡蛎肉洗净，裹上一层薄薄的淀粉备用。
2. 取电锅内锅，放入做法1的萝卜泥及300毫升水，再加入酱油拌匀。
3. 将做法2的内锅放入电锅中，外锅加1杯水，盖上锅盖，按下开关，待开关跳起，放入做法1的牡蛎肉。
4. 电锅外锅再加1/2杯水，盖上锅盖，按下开关，待开关再次跳起，加盐调味即可。

鱿鱼螺肉汤

材料 ingredient

螺肉罐头	1罐
泡发鱿鱼	1条
蒜苗	2棵
水	适量

调味料 seasoning

盐	少许

做法 recipe

1. 螺肉罐头打开，汤汁与螺肉分开；泡发鱿鱼洗净切条；蒜苗洗净切斜段，备用。
2. 取电锅内锅，放入做法1的螺肉汤汁及适量水。
3. 内锅放入电锅中，外锅加1杯水，盖上锅盖，按下开关，待水开后，放入做法1的鱿鱼条及螺肉。
4. 外锅再加1/2杯水，盖上锅盖，按下开关，待开关再次跳起，加盐调味，撒上蒜苗段即可。

小常识

螺肉罐头的汤汁带有浓郁的甜味，若不习惯那么重的甜味可以多加些水，或斟酌罐头汤汁的分量。

海鲜西红柿汤

材料 ingredient

鲜鱼1条、鲜虾6只、乌贼1/2只、蛤蜊6个、西红柿1个、洋葱1/2个、水800毫升

调味料 seasoning

西红柿糊1/2杯、盐少许、油少许

做法 recipe

1. 西红柿、洋葱洗净切丁；鲜鱼去鳞去内脏，洗净切块；鲜虾剪须洗净；乌贼去内脏，洗净切圈；蛤蜊泡水吐沙洗净，备用。
2. 电锅外锅洗净，按下开关加热，倒入少许油，放入做法1的洋葱丁、西红柿丁，炒香后加800毫升水。
3. 加入西红柿糊搅拌均匀，按下开关，盖上锅盖，煮约20分钟，开盖放入做法1的海鲜料，续煮约5分钟，加盐调味即可。

草菇海鲜汤

材料 ingredient

草菇100克、蟹肉100克、鲜虾6只、乌贼1只、蛤蜊6个、洋葱1/2个、西芹1根、水600毫升

调味料 seasoning

盐少许、鲜奶油适量、油少许

做法 recipe

1. 草菇洗净沥干，蟹肉用开水洗净，虾洗净，头尾分开，乌贼去内脏，洗净切圈，蛤蜊泡水吐沙洗净，备用。
2. 西芹洗净切段，洋葱洗净切块，备用。
3. 电锅外锅洗净，按下开关加热，倒入少许油，放入做法2的洋葱块、西芹段炒香后，加600毫升水。
4. 按下开关，盖上锅盖煮约10分钟，开盖放入做法1的所有海鲜料，盖上锅盖，续煮5分钟，加鲜奶油、盐调味即可。

泰式海鲜酸辣汤

材料 ingredient

小西红柿……………… 6颗
鲜虾…………………… 6只
乌贼…………………… 1只
蛤蜊…………………… 6个
水………………… 600毫升

调味料 seasoning

泰式酸辣酱………… 6大匙
柠檬汁……………… 2大匙
罗勒…………………… 适量

做法 recipe

1. 小西红柿洗净切半，虾洗净，头尾分开；乌贼去内脏洗净切圈，蛤蜊泡水吐沙洗净，备用。

2. 取电锅内锅，放入虾头及600毫升水。

3. 将做法2的内锅放入电锅中，外锅加1杯水，盖上锅盖，按下开关，待开关跳起，放入泰式酸辣酱拌匀。

4. 电锅外锅再加1/2杯水，内锅继续放入做法1的剩余所有材料，盖上锅盖，按下开关，待开关再次跳起，加入柠檬汁及罗勒即可。

青蒜西芹鸡汤

材料 ingredient
去骨鸡腿·················1只
青蒜苗·················2棵
西芹·················1棵
洋葱·················1/2个
水·············· 800毫升

调味料 seasoning
盐·············· 少许
鲜奶油·············· 适量
油·············· 少许

做法 recipe
1. 青蒜苗、西芹洗净切段，洋葱洗净切丁，备用。
2. 去骨鸡腿切小块，用开水洗净，沥干备用。
3. 电锅外锅加1/4杯水，按下开关。
4. 将内锅放入电锅中，待内锅热，倒入少许油，放入蒜苗、洋葱丁、西芹段爆香。
5. 内锅放入鸡腿块炒香，加入800毫升水，外锅加1.5杯水，盖上锅盖，按下开关，待开关跳起，加入鲜奶油拌匀，加盐调味即可。

萝卜荸荠汤

材料 ingredient

荸荠200克、白萝卜150克、胡萝卜100克、芹菜段适量、姜片15克、水800毫升

调味料 seasoning

盐1/2小匙、鸡精1/4小匙

做法 recipe

1. 荸荠去皮，白萝卜及胡萝卜去皮后切小块，一起放入滚水中氽烫约10秒，取出洗净，与姜片一起放入内锅中，倒入800毫升水。
2. 电锅外锅加1杯水，放入做法1的内锅。
3. 按下开关，蒸至开关跳起，加入芹菜段与所有调味料即可。

萝卜牛蒡汤

材料 ingredient

胡萝卜100克、白萝卜150克、白萝卜叶80克、牛蒡80克、干香菇10朵、姜片10克、水1000毫升

调味料 seasoning

盐1.5小匙、绍兴酒1大匙

做法 recipe

1. 胡萝卜及白萝卜洗净去皮，切小块，牛蒡洗净，去皮切片，白萝卜叶洗净切段，干香菇泡温水中，发好后洗净，备用。
2. 将做法1的所有材料、姜片、绍兴酒放入电锅内锅中，加水1000毫升，外锅加1杯水，盖上锅盖，按下开关，待开关跳起，加盐调味即可。

滋补靓汤，
吃出健康好身体
ELECTRIC POT

只要听到滋补汤，许多人印象中都是三碗水煎成一碗水，难免会觉得费时又费力，但用电锅只需两大步骤就能完成炖汤过程，首先将食材与药材处理好，接下来只要放入电锅中按下开关，待开关跳起就能品尝到美味的滋补汤。

电锅炖补 药材有学问

仙草

仙草熬煮出来的汤汁是夏季消暑茶饮，冷却后呈凝胶状，有滑嫩口感。除了熬成仙草茶之外，还可以冷却制成仙草冻食用；冬天还可以制成烧仙草，也可入菜搭配鸡肉或排骨熬汤。

山药

山药是薯蓣科植物的块茎，味甘平而润，能强身健胃，滋补作用甚佳；且因含有丰富的淀粉质及酵素，能帮助消化、健胃整肠。

薏米

薏米是便宜又有益的谷类。不少甜品都会加入薏米增加口感。杂粮饭中加薏米，是近年来保健的新吃法。选薏米时要注意以干燥、色白、粒大、充实饱满为原则。

当归

当归有温和浓郁的特殊味道，即使不喜欢中药的人也大多能接受。不少食补都会加入当归提味，如当归鸭或是药炖排骨，都能见到当归的身影。

陈皮

陈皮是指晒干后的橘皮，之所以叫做"陈"皮就是因为陈得越久越好，其味辛、苦、性温，广式煲汤常用陈皮来提味。

莲子

莲子取材于莲藕的种子，分为有心与无心，若买的是有心的莲子，烹调前必须先去心，并剥去表面的薄膜，再以冷水浸泡。莲子是一种很好的养生食材。近年来流行把莲子放入豆花的配料当中。吃起来松松香香的莲子是许多女孩子的最爱，吃完后带有一股荷花的清香，能够去除糖水的甜腻感，让人保持清新的感觉。

银耳

银耳又称雪耳，含有丰富胶质，口感特别滑润。这些胶质也使银耳的形体不易泡烂。银耳特别适合拿来做汤品或甜品，选银耳时要选形体较大、颜色呈干净的米黄色、没有硬蒂的比较好。

参须

人参的细根称为人参须。将新鲜的圆参晒干变"白参"，经水蒸气加热变成"红参"，再把红参的参节剪下，和小支根捆绑成小束，就是人参须。人参味甘，可补元气、安神。人参一般分为野生的"野生人参"，人工栽培的"圆参"，以及刚出土的"水参"。

红枣

红枣又称大枣，被称为"长在树上的粮食"，是很常见的中药材。现也将其当作食材。因为味道甘甜，不少食补、药膳、甜汤、素菜都会以红枣来增加甜味。

药炖排骨汤

材料 ingredient
排骨（边仔骨）600克、姜片10克、水1200毫升

药材 flavoring
黄芪10克、当归8克、川芎 5克、熟地5克、黑枣8颗、桂皮10克、陈皮5克、枸杞子10克

调味料 seasoning
盐1.5小匙、米酒50毫升

做法 recipe
1. 排骨洗净，放入开水中氽烫去血水；把除当归、枸杞子、黑枣外的药材洗净，放入药包袋中，备用。
2. 将药包袋、其余药材、米酒与所有材料放入电锅内锅中，外锅加1杯水，盖上锅盖，按下开关，待开关跳起，续焖20分钟，加盐调味即可。

肉骨茶汤

材料 ingredient
排骨(五花排) … 400克
肉骨茶药包……… 2包
带皮蒜………… 8瓣
水………… 700毫升

调味料 seasoning
盐……………… 1小匙

做法 recipe
1. 排骨洗净剁小块，放入滚水中氽烫后捞出备用。
2. 将做法1的排骨块、肉骨茶药包、带皮蒜、700毫升水和调味料，全部放入电锅内锅中，外锅加2杯水，按下开关，煮至开关跳起即可。

注：肉骨茶药包可到大型超市购买。

苹果红枣排骨汤

材料 ingredient
排骨·················· 500克
苹果·················· 220克
水·················· 1200毫升
红枣·················· 10颗

调味料 seasoning
盐·················· 1.5小匙

做法 recipe
1. 排骨洗净切块，放入开水中汆烫去血水；苹果洗净后带皮剖成8瓣，挖去籽；红枣稍微清洗，备用。
2. 将所有材料放入电锅内锅中，外锅加1杯水，盖上锅盖，按下开关，待开关跳起，续焖10分钟，加盐调味即可。

淮山薏米排骨汤

材料 ingredient
排骨600克、姜片10克、水1200毫升

药材 flavoring
淮山50克、薏米50克、红枣10颗

调味料 seasoning
盐1.5小匙、米酒50毫升

做法 recipe
1. 排骨洗净切块，放入开水中汆烫去血水，薏米泡水60分钟，备用。
2. 将所有材料、药材及米酒放入电锅内锅中，外锅加1杯水，盖上锅盖，按下开关，待开关跳起，续焖10分钟，加盐调味即可。

薏米红枣鸡汤

材料 ingredient

土鸡200克、薏米20克、红枣5颗、姜片15克、水600毫升

调味料 seasoning

盐3/4小匙、鸡精1/4小匙、米酒10毫升

做法 recipe

1. 土鸡洗净剁小块，放入滚水中氽烫捞出，薏米、红枣洗净，与土鸡块一起放入电锅内锅中，再加入600毫升水及米酒、姜片。
2. 电锅外锅加1杯水，放入做法1的内锅。
3. 按下开关，蒸至开关跳起，加入其余调味料即可。

四物排骨汤

材料 ingredient

排骨600克、姜片10克、水1200毫升

药材 flavoring

当归8克、熟地黄5克、黄芪5克、川芎8克、芍药10克、枸杞子10克

调味料 seasoning

盐1.5小匙、米酒50毫升

做法 recipe

1. 排骨洗净切块，放入开水中氽烫去血水；所有中药材稍微清洗后沥干，放入药包袋中，备用。
2. 将所有材料、药材与米酒放入电锅内锅中，外锅加1杯水，盖上锅盖，按下开关，待开关跳起，续焖20分钟，加盐调味即可。

香菇嫩排汤

材料 ingredient
软骨排300克、干香菇5朵、参须5根、红枣6颗、枸杞子适量、水适量

调味料 seasoning
盐适量

做法 recipe
1. 干香菇洗净泡水，软骨排洗净切块，汆烫备用。
2. 准备一个炖盅，放入所有材料，加水至八分满。
3. 外锅加2.5杯水，将炖盅放入电锅，按下开关，蒸至开关跳起。
4. 取出后加入适量的盐调味即可。

🍲 小常识

　　若无炖盅，可用一般的锅代替，不过要先用保鲜膜封好再入电锅蒸，以免香气挥发散去。

莲子银耳瘦肉汤

材料 ingredient
猪腱肉150克、银耳20克、干莲子1大匙、枸杞子1/2小匙、老姜片15克、葱白2根、水800毫升

调味料 seasoning
盐1/2小匙、鸡精1/2小匙、绍兴酒1小匙

做法 recipe
1. 干莲子泡热水约1小时；枸杞子洗净；猪腱肉剁小块、汆烫洗净；姜片、葱白用牙签串起；银耳洗净泡水至涨发后沥干，去蒂剥小块，备用。
2. 将做法1的所有材料及所有调味料放入电锅内锅中。
3. 将做法2的内锅放入电锅，外锅加1.5杯水，盖上锅盖，按下开关，煮至开关跳起，捞除姜片、葱白即可。

参片瘦肉汤

材料 ingredient

猪腱肉150克、高丽参片8片、枸杞子1/2小匙、老姜片15克、水800毫升

调味料 seasoning

盐1/2小匙、米酒1小匙

做法 recipe

1. 参片泡水约8小时后沥干，枸杞子洗净，备用。
2. 猪腱肉剁小块、氽烫洗净，备用。
3. 将做法1、做法2的材料，加入老姜片、800毫升水及所有调味料放入电锅内锅中。
4. 将做法3的内锅放入电锅，外锅加1.5杯水，盖上锅盖，按下开关，煮至开关跳起，捞除姜片即可。

淮山杏仁猪尾汤

材料 ingredient

猪尾段500克、姜片10克、水1200毫升

药材 flavoring

南杏40克、淮山50克

调味料 seasoning

盐1.5小匙、米酒50毫升

做法 recipe

1. 猪尾段洗净，在开水中氽烫去血水备用。
2. 将所有材料、药材与米酒放入电锅内锅中，外锅加1杯水，盖上锅盖，按下开关，待开关跳起，续焖30分钟，加盐调味即可。

四神汤

材料 ingredient

猪小肠·········· 50克
姜片·············10克
水·········· 1000毫升

药材 flavoring

茯苓·············10克
淮山············· 20克
芡实············· 20克
莲子············· 30克
薏米············· 40克
枸杞子···········10克

调味料 seasoning

盐············· 1.5小匙
米酒·········· 50毫升

做法 recipe

1. 猪小肠洗净剪小段，
   放入开水中汆烫除
   脏污；芡实、莲子
   与薏米洗净泡清水
   60分钟；其余中
   药材稍微清洗后沥
   干，备用。
2. 将所有材料、药材
   与米酒放入电锅内
   锅中，外锅加1杯
   水，盖上锅盖，按下
   开关，待开关跳起，
   续焖30分钟，加盐
   调味即可。

小常识

　　在餐厅喝四神汤时，桌
上都会有一瓶药酒可以洒在
汤中增加风味，其实这药酒
做法很简单，只要将当归、
枸杞子泡入米酒中就可以了。

四神猪肚汤

材料 ingredient
猪肚500克、姜片20克、水1000毫升

药材 flavoring
薏米50克、莲子30克、芡实40克、淮山30克

调味料 seasoning
盐1小匙、鸡精1小匙、米酒2大匙、面粉1小匙、白醋2大匙

做法 recipe
1. 将猪肚用1小匙面粉和2大匙白醋混合后搓揉外表及内部，再用冷水洗净后备用。
2. 所有药材洗净，用冷水浸泡15分钟，捞出备用。
3. 将做法1中处理干净的猪肚放入开水中氽烫10分钟，捞起过冷水降温，再将猪肚切成长约5厘米、宽约1厘米的长条，备用。
4. 将做法3的材料、所有药材与1000毫升水放入电锅内锅中，再放入姜片与其余调味料，外锅加3杯水，煮约50分钟即可。

山药炖小肚汤

材料 ingredient
紫山药200克、猪小肚3个、薏米1/2杯、水600毫升

调味料 seasoning
盐少许、米酒1/2杯

做法 recipe
1. 猪小肚洗净，用开水氽烫；紫山药去皮洗净切块；薏米洗净，备用。
2. 内锅放入做法1的猪小肚、米酒及600毫升水。
3. 将内锅放入电锅中，外锅放2杯水，盖锅盖后按下开关，待开关跳起后，放入做法1的紫山药、薏米。
4. 外锅再加1杯水，盖上锅盖，按下开关，待开关再度跳起，加盐调味，将猪小肚剪小块后放回汤中即可。

当归麻油猪腰汤

材料 ingredient

猪腰·······················1副
姜片·······················80克
水·······················600毫升

药材 flavoring

当归·······················10克

调味料 seasoning

盐·······················1小匙
米酒·······················100毫升
麻油·······················2大匙

做法 recipe

1. 猪腰去除肾球后表面切花，在水中浸洗约5分钟后放入开水中氽烫沥干；当归稍微清洗，备用。
2. 将所有材料、当归、麻油、米酒放入电锅内锅中，外锅加1/4杯水，盖上锅盖，按下开关，待开关跳起，加盐调味即可。

小常识

　　如果觉得处理猪腰很麻烦，可以请肉贩帮忙处理，但是料理前还是需要用清水浸洗5分钟以上，再氽烫过后才能去除腥味。

药膳羊肉汤

材料 ingredient
带皮羊肉600克、水1000毫升

药材 flavoring
陈皮6克、甘草5克、沙姜10克、草果1颗、枸杞子少许

调味料 seasoning
米酒50毫升、白砂糖1小匙、盐1小匙、花椒5克、八角2颗

做法 recipe
1. 带皮羊肉洗净切块放入开水中汆烫去血水去腥；所有药材清洗后与花椒、八角一起放入药包袋中，备用。
2. 将药包袋与所有材料放入电锅内锅中，外锅加1杯水，盖上锅盖，按下开关，待开关跳起，外锅再加1/2杯水，按下开关再煮一次，开关跳起再焖20分钟，加入其余调味料即可。

羊肉沾酱

材料：
黄豆酱2小匙、豆腐乳2块、细味噌2小匙、姜末10克、白砂糖2小匙

做法：
将所有材料放入搅拌机打匀即可。

🍚 小常识

　　带皮的羊肉因为肉质较硬需要多炖煮一些时间，因此在电锅中要炖两次，肉质才会软嫩，另外羊肉的特殊风味在皮下的脂肪中特别明显，有人很爱这味道，但是不喜欢的人会觉得有腥膻味，可以选择没有皮与脂肪的部分，这样味道会淡些。

当归羊肉汤

材料 ingredient
带皮羊肉600克、水1000毫升、姜片10克

药材 flavoring
当归5克、熟地5克、黄芪8克、红枣12颗、枸杞子15克

调味料 seasoning
米酒50毫升、盐1小匙、白砂糖1/2小匙

做法 recipe
1. 将带皮羊肉洗净切块，放入开水中汆烫去血水，中药材稍微洗过，备用。
2. 将所有材料、药材与米酒放入电锅内锅中，外锅加1杯水，盖上锅盖，按下开关，待开关跳起，再加1/2杯水，按下开关再煮一次，待开关跳起再焖20分钟，加入其余调味料即可。

陈皮红枣羊肉汤

材料 ingredient
带皮羊肉600克、姜片10克、水1000毫升

药材 flavoring
陈皮5克、红枣12颗

调味料 seasoning
米酒50毫升、盐1小匙、白砂糖1/2小匙

做法 recipe
1. 将带皮羊肉洗净切块，放入开水中汆烫去血水，中药材稍微洗过，备用。
2. 将所有材料、药材与米酒放入电锅内锅中，外锅加1杯水，盖上锅盖，按下开关，待开关跳起，再加1/2杯水，按下开关再煮一次，待开关跳起再焖20分钟，加入其余调味料即可。

麻油鸡汤

材料 ingredient
鸡肉·················600克
姜片·················50克
水···············1000毫升

调味料 seasoning
盐·················1小匙
米酒·················100毫升
麻油·················2大匙
姜汁·················1大匙

做法 recipe
1. 将鸡肉洗净切块放入开水中汆烫，去除血水备用。
2. 将所有材料、米酒、姜汁及麻油放入电锅内锅中，外锅加1杯水，盖上锅盖，按下开关，待开关跳起，续焖10分钟，加盐调味即可。

麻油面线

材料：
面线100克、蒜末5克、麻油1大匙

做法：
烧一锅开水，将面线入锅煮约30秒后捞起装碗，加入蒜末及麻油拌匀即可。

🍲 小常识

一般做麻油鸡时，鸡肉与姜片要先用麻油炒过，这样会有爆过的香气。但为了迅速方便，也可以跳过这个步骤，直接将材料放入锅中炖。为了弥补香气不足，可以加入适量的姜汁，生姜经过研磨味道比较容易散发出来。

163

香菇参须鸡翅汤

材料 ingredient
鸡翅（双节翅）600克、人参须10克、干香菇10朵、姜片5克、水1200毫升

调味料 seasoning
盐1.5小匙、米酒2大匙

做法 recipe
1. 鸡翅洗净，放入开水中汆烫一下；干香菇洗净泡水，备用。
2. 将所有材料与米酒放入电锅内锅中，外锅加1杯水，盖上锅盖，按下开关，待开关跳起，续焖30分钟，加盐调味即可。

薏米莲子凤爪汤

材料 ingredient
鸡爪400克、姜片10克、水1000毫升

药材 flavoring
薏米50克、莲子40克、红枣10颗

调味料 seasoning
米酒20毫升、盐1小匙

做法 recipe
1. 鸡爪洗净去爪尖后剁小段，放入开水中汆烫；薏米、莲子泡水60分钟后洗净；红枣稍微冲洗，备用。
2. 将所有材料、药材与米酒放入电锅内锅中，外锅加1杯水，盖上锅盖，按下开关，待开关跳起，续焖10分钟，加盐调味即可。

柿饼炖鸡汤

材料 ingredient

鸡腿·····················1只
柿饼·····················3个
枸杞子··················10克
水····················800毫升

调味料 seasoning

盐·····················少许

做法 recipe

1. 枸杞子洗净；鸡腿切大块，用开水洗净沥干，备用。
2. 电锅内锅中放入鸡腿块、柿饼、枸杞子及800毫升水。
3. 将内锅放入电锅，外锅加2杯水，盖上锅盖，按下开关，待开关跳起，加盐调味即可。

杏汁鸡汤

材料 ingredient
土鸡…………1/2只
南杏…………100克
老姜片…………10克
水…………800毫升

调味料 seasoning
盐…………1/2小匙
鸡精…………1/2小匙
绍兴酒………1小匙

做法 recipe

1. 南杏洗净，用300毫升水泡约8小时，再用果汁机打成汁，并过滤掉残渣，备用。
2. 土鸡剁小块，汆烫洗净，备用。
3. 电锅内锅中放入做法1、做法2的材料，再加入姜片、500毫升水及所有调味料。
4. 将做法3的内锅放入电锅，外锅加1杯水，盖上锅盖、按下开关，煮至开关跳起，捞除姜片即可。

党参黄芪炖鸡汤

材料 ingredient
土鸡腿120克、党参8克、黄芪4克、红枣8颗、水600毫升

调味料 seasoning
盐1/2小匙、米酒1/2小匙

做法 recipe
1. 土鸡腿洗净，剁小块备用。
2. 取一汤锅，加入适量的水煮至滚沸后，将做法1的土鸡腿块放入滚水中氽烫约1分钟后取出、洗净，放入电锅内锅中。
3. 将党参、黄芪和红枣用清水略为冲洗后，与600毫升水一起加入做法2的电锅内锅中。
4. 外锅加1.5杯水，放入做法3的内锅，盖上锅盖，按下开关，待开关跳起，焖约20分钟，再加入盐及米酒调味即可。

冬瓜荷叶鸡汤

材料 ingredient
土鸡1/4只、冬瓜150克、干荷叶1张、老姜片10克、水800毫升

调味料 seasoning
盐1/2小匙、鸡精1/2小匙、绍兴酒1小匙

做法 recipe
1. 土鸡剁小块，氽烫洗净，备用。
2. 冬瓜连皮洗净，切方块，备用。
3. 干荷叶剪小块，泡水至软，氽烫后洗净，备用。
4. 电锅内锅中放入做法1、做法2、做法3的材料，再加入老姜片、水及所有调味料。
5. 将做法4的内锅放入电锅，外锅加1杯水，盖上锅盖，按下开关，煮至开关跳起，捞除姜片即可。

八宝鸡汤

材料 ingredient

小土鸡……………… 1只
八珍药材……… 1副
红枣……………… 6颗
水………… 800毫升

调味料 seasoning

盐……………… 适量

做法 recipe

1. 八珍药材、小土鸡洗净，八珍药材用棉布袋装好备用。
2. 取电锅内锅，放入八珍药材、小土鸡、红枣及800毫升水。
3. 将内锅放入电锅，外锅加2杯水，盖上锅盖，按下开关，待开关跳起，加盐调味即可。

牛奶脯鸡汤

材料 ingredient

鸡肉600克、水1500毫升

药材 flavoring

牛奶脯80克、枸杞子20克

调味料 seasoning

盐1.5小匙、米酒2大匙

做法 recipe

1. 鸡肉洗净切块，放入开水中汆烫去除血水，所有中药材稍微清洗后沥干，备用。
2. 将所有材料、药材与米酒放入电锅内锅中，外锅加1杯水，盖上锅盖，按下开关，待开关跳起，续焖30分钟，加盐调味即可。

仙草鸡汤

材料 ingredient

鸡肉600克、仙草10克、姜片5克、水1200毫升

调味料 seasoning

盐1.5小匙、白砂糖1/2小匙、米酒2大匙

做法 recipe

1. 鸡肉洗净切块，放入开水中汆烫去血水，仙草稍微清洗，修剪成适当长度包入药包袋中，备用。
2. 将所有材料与米酒放入电锅内锅，外锅加1杯水，盖上锅盖，按下开关，待开关跳起，续焖30分钟，加入其余调味料即可。

狗尾草鸡汤

材料 ingredient
鸡肉····················· 600克
姜片····················· 5克
水·················· 1200毫升
狗尾草················· 100克

调味料 seasoning
盐·····················1.5小匙
米酒···················· 50毫升

做法 recipe
1. 鸡肉洗净切块，放入开水中汆烫去血水，备用。
2. 将所有材料与米酒放入电锅内锅中，外锅加1杯水，盖上锅盖，按下开关，待开关跳起，续焖30分钟，加盐调味即可。

何首乌鸡汤

材料 ingredient
鸡肉600克、水1200毫升

药材 flavoring
姜片5克、何首乌10克、熟地5克、黄芪10克、红枣10颗

调味料 seasoning
盐1/2小匙、鸡精1/2小匙、绍兴酒1小匙

做法 recipe
1. 鸡肉洗净切块，放入开水中汆烫去血水，药材稍微洗净沥干，备用。
2. 将所有药材、鸡肉块、1200毫升水和绍兴酒放入电锅内锅中，外锅加1杯水，盖上锅盖，按下开关，待开关跳起，续焖30分钟，加盐、鸡精调味即可。

金线莲鸡汤

材料 ingredient
鸡肉…………………… 600克
金线莲……………………7克
姜片…………………… 5克
水…………………… 1200毫升

调味料 seasoning
盐………………………1.5小匙
白砂糖………………… 1/2小匙
米酒……………………2大匙

做法 recipe
1. 鸡肉洗净切块，放入开水中汆烫去血水，将金线莲包入药包袋中，备用。
2. 将所有材料与米酒放入电锅内锅，外锅加1杯水，盖上锅盖，按下开关，待开关跳起，续焖30分钟，加入其余调味料即可。

人参枸杞鸡汤

材料 ingredient
土鸡1500克、姜片15克、水1500毫升

药材 flavoring
人参2只、枸杞子20克、红枣20克

调味料 seasoning
盐2小匙、米酒3大匙

做法 recipe
1. 土鸡用滚水汆烫5分钟后捞起，用清水冲去血水脏污，沥干后放入电锅内锅中备用。
2. 将所有药材用冷水清洗后放在土鸡上，再把姜片、盐、米酒与1500毫升水一起放入，在内锅口封上保鲜膜。
3. 电锅外锅加4杯水，放入做法2的内锅，盖上锅盖，炖煮约90分钟即可。

姜母鸭汤

材料 ingredient
鸭肉·················· 600克
姜片·················· 50克
水····················· 1000毫升

调味料 seasoning
盐························1小匙
米酒·················· 50毫升
麻油····················1大匙

做法 recipe
1. 鸭肉洗净切块，放入开水中氽烫去血水，备用。
2. 将所有材料、米酒及麻油放入电锅内锅，外锅加1杯水，盖上锅盖，按下开关，待开关跳起，续焖30分钟，加盐调味即可。

当归鸭汤

材料 ingredient
鸭肉600克、姜片10克、水1000毫升

药材 flavoring
当归10克、黑枣8颗、枸杞子5克、黄芪8克

调味料 seasoning
盐1小匙、米酒50毫升

做法 recipe
1. 鸭肉洗净切块，放入开水中氽烫去血水，所有药材稍微清洗后沥干，备用。
2. 将所有材料、药材与米酒放入电锅内锅，外锅加1杯水，盖上锅盖，按下开关，待开关跳起，续焖30分钟，加盐调味即可。

白菜枸杞鳗鱼汤

材料 ingredient

炸鳗鱼块··················600克
包心白菜················· 100克
枸杞子····················· 20克
高汤·······················   适量
水························600毫升

调味料 seasoning

盐························· 少许

做法 recipe

1. 包心白菜洗净，切长条形备用。
2. 电锅内锅中放入做法1的包心白菜、炸鳗鱼块、枸杞子，加入高汤及600毫升水。
3. 将做法2的内锅放入电锅中，外锅加2杯水，盖上锅盖，按下开关，待开关跳起，加盐调味即可。

枸杞鲜鱼汤

材料 ingredient

鲜鱼700克、姜丝10克、水800毫升

药材 flavoring

黄芪20克、枸杞子20克

调味料 seasoning

盐1小匙、米酒30毫升

做法 recipe

1. 鲜鱼洗净后备用。
2. 将所有材料、药材、米酒放入电锅内锅中，外锅加1杯水，盖上锅盖，按下开关，待开关跳起，加盐调味即可。

当归鳗鱼汤

材料 ingredient
鳗鱼400克、当归5克、枸杞子8克、姜片15克、水800毫升

调味料 seasoning
盐1/2小匙、白砂糖1/4小匙、米酒1小匙

做法 recipe
1. 鳗鱼洗净切小段后，置于电锅内锅中，当归、枸杞子、米酒与姜片、水一起放入内锅中。
2. 电锅外锅加1杯水，放入做法1的内锅，盖上锅盖，按下开关，蒸至开关跳起。
3. 取出鳗鱼汤，加入盐、白砂糖调味即可。

赤小豆冬瓜煲鱼汤

材料 ingredient
鳕鱼1条、赤小豆1大匙、冬瓜100克、老姜片15克、葱白30克、水800毫升

调味料 seasoning
盐1小匙、米酒1小匙、油适量

做法 recipe
1. 赤小豆洗净，泡水3小时后沥干；冬瓜连皮洗净、切块，氽烫后过冷水；鳕鱼处理干净后切大块，用纸巾吸干水分，备用。
2. 起锅热油，放入做法2的鱼块煎至两面金黄后放入姜片、葱白再煎一下，备用。
3. 取电锅内锅，放入做法1、做法2的材料，再加入800毫升水及其余调味料。
4. 将做法3的内锅放入电锅中，外锅加1.5杯水，盖上锅盖，按下开关，煮至开关跳起，捞除姜片、葱白即可。

药膳虱目鱼汤

材料 ingredient

虱目鱼1000克、姜丝10克、水800毫升

药材 flavoring

枸杞子20克、当归10克

调味料 seasoning

盐1小匙、米酒30毫升

做法 recipe

1. 虱目鱼洗净，药材洗净沥干，备用。
2. 将所有材料、药材与米酒放入电锅内锅中，外锅加1/2杯水，盖上锅盖，按下开关，待开关跳起，加盐调味即可。

黑豆鲫鱼汤

材料 ingredient

新鲜鲫鱼1条、黑豆1大匙、老姜片15克、葱白4根、水800毫升

调味料 seasoning

盐1小匙、鸡精1/2小匙、米酒1大匙、油适量

做法 recipe

1. 黑豆洗净，泡水约8小时后沥干，备用。
2. 鲫鱼清洗处理干净，用纸巾吸干，备用。
3. 热锅，加入适量油，放入做法2的鲫鱼，煎至两面金黄后放入姜片、葱白再煎至金黄，备用。
4. 在电锅内锅中，放入做法1、做法3的材料，再加800毫升水及其余调味料。
5. 将做法4的内锅放入电锅，外锅加1.5杯水，盖上锅盖，按下开关，煮至开关跳起，捞除姜片、葱白即可。

菜饭粥不用等，一步到"胃"
ELECTRIC POT

煮饭是电锅最基本的用法，用电锅也可以煮菜饭、煮粥。只要将喜欢的食材、大米或其他五谷杂粮一起放入电锅，做成菜饭，有饭又有菜，一锅就搞定。煮粥时也能加入各种材料，巧用食材，电锅不再只能煮米饭或白粥。

电锅煮菜饭 好吃有学问

秘诀 1　肉类海鲜先汆烫

　　虽说菜饭好处之一就是材料直接入电锅，但是先汆烫海鲜和肉类会更好吃。通常买回来的肉及海鲜表面都有一些污血、杂质，就算清洗也未必能去除，直接下锅煮会让一整锅饭都充满杂质；事先经过开水汆烫后，整锅菜饭的料就会更爽口。此外汆烫还有一个妙用，就是食材表面烫熟可以将鲜味锁住，不会在炖煮过程中让食材本身的鲜味完全释放出来，避免海鲜、肉类吃起来如嚼蜡般无味。

秘诀 2　加入红葱油增添香气

　　菜饭在料理过程中因为没有经过热油爆香，所以会缺少点香味。为了弥补这点遗憾，不妨在菜饭起锅后，拌入一点红葱油，增添油香味。红葱油是经过油炸萃取出来的，不但有油香更有红葱头加热过的香味。当然如果没有红葱油，也可以在起锅时拌入少许其他的食用油增添香气。

秘诀 3　拌入葱花、蒜酥提味

　　葱花、蒜酥这些画龙点睛的配料要加入菜饭中，最好等饭煮好起锅前加入；否则葱花会变黄变烂，外观与口感都没那么好；而蒜酥这类味道重的佐味食材加太多的话会盖过其他食材本身的味道，除非特别想要强调，不然整锅菜饭味道就会变得过度复杂。

秘诀 4　干货最好事先泡发

　　菜饭中会加入一些味道浓郁的干货，例如香菇、虾米、干贝、海带芽等，可以提鲜增味。虽然干货加入菜饭中放水一起蒸煮，也可以煮软，但是没有事先将干货泡发，鲜味就不易散发出来，煮好后的干货口感也较为干涩不入味。所以不如事先花点时间将干货泡发，菜饭将更美味。

秘诀
5 以高汤取代水

　　煮饭必须加水。菜饭强调集食材、调味于一碗，所以煮饭时加水不如加点高汤一起煮，这样汤头里的鲜味就会被白米吸收，每一粒米饭都吸收了汤的精华，非常美味。若时间有限，使用的高汤也不必花时间熬煮，使用市售方便的高汤块先用热水调开，或罐装高汤即可。

秘诀
6 食材可分次加入

　　菜饭基本的制作原则是一起煮，但是如果容易煮黄煮烂的绿色叶菜类与需要长时间炖煮的根茎类蔬菜一起煮，绿色叶菜肯定又烂又无味。因此最好分次加入，不易熟的食材可以与米饭杂粮一起煮，等到快熟或者煮好后，再将易熟的食材放入电锅中，焖熟即可。

秘诀
7 食材切大小一致

　　通常菜饭最后都要拌在一起享用，因此食材最好大小形状切得一致，这样拌在一起才会均匀。如果每一种食材大小形状差别很大，每一口饭就不容易吃到多种食材，美味也会不均匀了。

上海菜饭

材料 ingredient

干香菇······ 30克
上海青······ 30克
金华火腿··· 50克

虾米··········· 20克
寿司米········ 100克
泡香菇的水100毫升

做法 recipe

1. 泡开的干香菇洗净切丝，上海青洗净切丝，金华火腿切片，寿司米洗好备用。
2. 内锅放入寿司米和虾米、香菇丝、金华火腿片和泡香菇的水，再放入电锅中，外锅加1杯水，按下开关，煮至开关跳起。
3. 加入上海青丝拌匀，焖1分钟即可。

小常识

烹煮上海菜饭时，可以用泡香菇的水取代要加入其中的水量，这样煮出的菜饭味道会较浓郁。

五谷杂粮饭

材料 ingredient

红米30克、荞麦30克、高粱30克、糙米60克、黑米30克、水240毫升

做法 recipe

1. 将除水之外的所有材料一起洗净、沥干水分，放入电锅内锅中，再加入水浸泡约1小时后，放入电锅中，外锅加1杯水，按下开关，煮至开关跳起。
2. 再焖15~20分钟即可。

🍚 小常识

　　五谷杂粮饭没有固定种类，只要谷类或是杂粮皆可入锅炊煮。这些谷类对肠胃有很好的调养效果，比起精致的白米更能帮助肠胃蠕动且有饱腹感。

五色养生饭

材料 ingredient

荞麦30克、黑豆30克、野米30克、小米30克、发芽米60克、水110毫升

做法 recipe

1. 荞麦、黑豆、野米一起用冷水（材料外）浸泡约4小时，至涨发后洗净，沥干水备用。
2. 将发芽米、小米洗净沥干与做法1的材料一起放入电锅内锅中，再加入水浸泡约30分钟后，放入电锅中，外锅加1杯水，按下开关，煮至开关跳起，再焖15~20分钟即可。

芋头红薯饭

材料 ingredient

芋头·····················40克
红薯·····················40克
大米·····················140克
水·······················180毫升

做法 recipe

1. 芋头、红薯洗净去皮，切小丁备用。
2. 大米洗净，沥干水分，与做法1的芋头丁、红薯丁一起放入电锅内锅中，拌匀后再加入水，放入电锅中，外锅加1杯水，按下开关，煮至开关跳起，再焖15~20分钟即可。

 小常识

拥有大量膳食纤维的红薯，多吃可以改善排便不畅，更可借此排出体内累积的毒素。近年来流行的排毒餐中，红薯就是重要的、简单却有高营养价值的食材，不过容易胀气的人不宜多吃。

杂菇养生饭

材料 ingredient

松茸菇60克、草菇60克、鸿禧菇60克、发芽米200克、水260毫升

做法 recipe

1. 将松茸菇、草菇、鸿禧菇泡发后分别洗净，去蒂备用。
2. 发芽米洗净沥干，放入电锅内锅中，铺上做法1的菇类，再加入水浸泡约20分钟，放入电锅中，外锅加1杯水，按下开关，煮至开关跳起，再焖15~20分钟即可。

 小常识

菇类是低热量的健康食物，但因菇类嘌呤含量偏高，故痛风病患者宜少食。

南瓜鸡肉蔬菜饭

材料 ingredient

鸡腿肉	200克	寿司米	100克
南瓜	80克	水	90毫升
四季豆	60克		

做法 recipe

1. 寿司米洗好，鸡腿肉洗净切大块，南瓜洗净去皮去籽后切块，四季豆洗净切段备用。
2. 电锅内锅放入寿司米、鸡腿肉块、水、南瓜块和四季豆段，放入电锅中，外锅加1杯水，按下开关，煮至开关跳起即可。

 小常识

南瓜煮后容易出水，如果再加入过多的水量，菜饭会变得过于软烂，吃起来口感不好。

鸡肉五谷米菜饭

材料 ingredient

鸡腿肉200克、圆白菜30克、五谷米100克、水120毫升

做法 recipe

1. 五谷米泡约40分钟后洗净沥干，鸡腿肉洗净，切大块。
2. 内锅放入五谷米、鸡腿肉块和水，放入电锅中，外锅加1杯水，按下开关，煮至开关跳起。
3. 放入圆白菜焖约2分钟即可。

小常识

五谷米要先清洗并浸泡约40分钟后再放入锅中烹煮，这样米饭较容易煮熟，而且口感也更好。另外煮五谷米的水量要比平常的米饭水量多一点，避免煮出来的米饭口感过干。

金枪鱼鸡肉饭

材料 ingredient
米2杯、去骨鸡腿2只、洋葱1/2个、金枪鱼罐头2罐、黑橄榄适量、水150毫升

调味料 seasoning
迷迭香料少许、橄榄油1大匙

做法 recipe
1. 米洗净沥干，鸡腿洗净，用纸巾吸干水分切块，洋葱洗净切末，金枪鱼罐头沥油，黑橄榄切片备用。
2. 锅热后再加1大匙橄榄油，爆香洋葱末，放入鸡腿肉块炒至微焦。
3. 将米加入锅中一起炒香，再加入150毫升水及迷迭香料搅拌均匀，盛起放入电锅内锅中，外锅加1杯水，按下开关。
4. 待电锅开关跳起，再焖5分钟，起锅后拌入金枪鱼肉、黑橄榄片即可。

注：若太油腻，金枪鱼罐头也可选水煮金枪鱼。

鸡肉蛋盖饭

材料 ingredient
鸡胸肉200克、洋葱1/2个、鸡蛋1个、热米饭1碗、海苔丝少许、水150毫升

调味料 seasoning
柴鱼素5克、酱油15毫升、酒20毫升、味酥25毫升

做法 recipe
1. 鸡胸肉切薄片，洋葱切丝，备用。
2. 电锅内锅放入做法1的材料、水及所有调味料，外锅加1杯水，盖上锅盖，按下开关。
3. 待开关跳起，将鸡蛋打散均匀倒入内锅，盖上锅盖焖1分钟，至蛋液略凝固。
4. 将做法3淋入热米饭上，食用前撒上海苔丝即可。

山药牛肉菜饭

材料 ingredient

牛肉片100克、山药50克、甜豆20克、寿司米100克、水100毫升

做法 recipe

1. 寿司米洗好，山药洗净去皮切块，甜豆洗净切小段备用。
2. 内锅放入寿司米、牛肉片、水和山药块，放入电锅中，外锅加1杯水，按下开关，煮至开关跳起即可。
3. 放入甜豆焖约3分钟即可。

 小常识

　　山药去皮切块后，先用醋水冲洗，可去除部分表面的黏液，入锅煮后的口感也比较好。

蚝油牛肉菜饭

材料 ingredient

牛肉片100克、洋葱10克、芥蓝菜叶20克、红甜椒20克、寿司米100克、水100毫升

调味料 seasoning

蚝油1小匙

做法 recipe

1. 寿司米洗好，洋葱洗净去皮切片，红甜椒洗净切片备用。
2. 内锅放入寿司米、牛肉片、水、洋葱片、红甜椒片和蚝油，放入电锅中，外锅加1杯水，按下开关，煮至开关跳起即可。
3. 放入芥蓝菜叶焖约1分钟即可。

小常识

　　加入菜饭中的蚝油量不要过多，加太多米饭味道会太咸、颜色会过深，无论是外观还是口感都不佳。

腊肉蔬菜饭

材料 ingredient

腊肉·························· 150克
火腿·························· 50克
冬笋·························· 20克
蒜苗·························· 10克
寿司米·························· 100克
水·························· 100毫升

做法 recipe

1. 寿司米洗好，浸泡约10分钟
   备用。
2. 腊肉洗净切片；火腿切丁；冬笋
   洗净切丁；蒜苗洗净切小段，
   将蒜苗根和蒜苗叶分开备用。
3. 内锅放入寿司米、腊肉片、火
   腿丁、水、冬笋丁和蒜苗根，
   放入电锅中，外锅加1杯水，
   按下开关，烹煮至开关跳起。
4. 放入蒜苗叶焖约1分钟即可。

🍲 小常识

　　除了用腊肉和火腿外，喜欢重口味
的也可以加入一些港式腊肠，这样可让
菜饭的口味更香。

泰式虾仁菜饭

材料 ingredient
虾仁200克、芦笋30克、小西红柿20克、寿司米100克、水50毫升

调味料 seasoning
椰奶50毫升

做法 recipe
1. 寿司米洗好，芦笋洗净切斜段，小西红柿洗净切片备用。
2. 内锅中放入寿司米、小西红柿片、椰奶和水，放入电锅中，外锅加1杯水，按下开关，煮至开关跳起。
3. 放入虾仁焖约5分钟后，放入芦笋斜段焖约1分钟即可。

 小常识

待电锅开关跳起后，再放入洗净的虾仁焖约5分钟，如此一来虾仁的口感就会比较有弹性，肉质也不会过老。

三文鱼菜饭

材料 ingredient
三文鱼片300克、玉米酱50克、蒜苗末10克、寿司米100克、水100毫升

做法 recipe
1. 寿司米洗好备用。
2. 内锅中放入寿司米和除蒜苗末外的其余材料，放入电锅中，外锅加1杯水，按下开关，煮至开关跳起。
3. 取出后再拌入蒜苗末即可。

🍚 小常识

玉米酱加入菜饭中同煮，可同时品尝到玉米粒和玉米酱汁的浓稠香甜口感。

港式咸鱼菜饭

材料 ingredient

咸鱼100克、鱿鱼头50克、小白菜梗15克、小白菜叶15克、干香菇30克、寿司米100克、泡香菇的水100毫升

做法 recipe

1. 寿司米洗好，咸鱼切小片，鱿鱼头洗净切小块，干香菇泡发切片备用。
2. 内锅中放入寿司米、咸鱼片、鱿鱼头块、香菇片、小白菜梗和泡香菇的水，放入电锅中，外锅加1杯水，按下开关，煮至开关跳起即可。
3. 放入小白菜叶焖约1分钟即可。

小常识

因为白菜叶容易熟，所以洗净切好后，先放入菜梗同煮，待电锅开关跳起，再放入菜叶略焖煮即可。

金枪鱼蔬菜饭

材料 ingredient

金枪鱼罐头200克、皇帝豆30克、红甜椒块20克、黄甜椒块20克、寿司米100克、水100毫升

做法 recipe

1. 寿司米洗好备用。
2. 内锅中放入寿司米和其余材料，放入电锅中，外锅加1杯水，按下开关，煮至开关跳起即可。

小常识

选购油渍金枪鱼罐头时，建议先将油沥掉，再将金枪鱼肉放入菜饭中同煮。如果是水渍金枪鱼罐头，可加入少许的水渍汤汁，增添菜饭的香味。

圆白菜饭

材料 ingredient

圆白菜75克、培根3片、大米1杯、水1杯

调味料 seasoning

盐1.5小匙、胡椒粉1小匙、油1大匙、蒜末2/3大匙

做法 recipe

1. 洗净的圆白菜、培根切小条备用。
2. 大米洗净，沥干水分，放入内锅中，加入1杯水浸泡15~20分钟备用。
3. 将所有调味料放入大米中略拌匀，再将圆白菜及培根条铺在米上。外锅加1杯水，按下开关，开关跳起后，先不要打开锅盖，让圆白菜饭再焖15分钟，最后用饭匙由下往上轻轻拌匀即可食用。

金针菇菜饭

材料 ingredient

罐头金针菇……　200克
胡萝卜丝…………　20克
圆白菜丝…………　50克
寿司米…………　100克
罐头金针菇汤汁100毫升

做法 recipe

1. 寿司米洗好备用。
2. 内锅放入寿司米和其余材料，放入电锅中，外锅加1杯水，按下开关，煮至开关跳起即可。

 小常识

用罐头金针菇来煮菜饭，不仅快速便利，而且将煮菜饭时要加入的水用罐头金针菇的汤汁取代，可让煮出来的菜饭更香。

芦笋蛤蜊饭

材料 ingredient

芦笋6根、蛤蜊300克、海苔丝1大匙、姜丝1大匙、辣椒片1大匙、大米2杯、水2杯

调味料 seasoning

红酒醋2大匙、白砂糖1/2大匙、盐1小匙、香油2小匙、胡椒粉1小匙

做法 recipe

1. 将芦笋洗净，切成2~3厘米长的段；蛤蜊泡水约3小时，吐沙备用。
2. 将大米洗净，沥干水分，放入电锅内锅中，加入2杯水，浸泡15~20分钟，再加入调味料、姜丝、辣椒略拌匀。外锅加1杯水，按下开关，待开关跳起，再焖15分钟。
3. 打开锅盖，放入切好的芦笋，外锅再加一点水，按下开关，再煮一下。
4. 另煮开一锅水，放入蛤蜊，等蛤蜊的口煮开后熄火，用筷子将蛤蜊肉取出备用；把煮好的蛤蜊肉以及海苔丝加入芦笋饭中，用饭匙由下往上轻轻拌匀即可。

胡萝卜吻仔鱼菜饭

材料 ingredient

吻仔鱼········	100克
圆白菜丝········	10克
胡萝卜末········	50克
寿司米········	100克
水··········	100毫升

做法 recipe

1. 寿司米洗好备用。
2. 内锅放入寿司米和其余材料，放入电锅中，外锅加1杯水，按下开关，煮至开关跳起即可。

 小常识

在菜饭中加入少许米酒同煮，更能提升吻仔鱼的鲜美滋味。

香菜蟹肉饭

材料 ingredient
香菜2棵、蟹肉1/2杯、油炸花生仁2大匙、大米1杯、水1杯

调味料 seasoning
盐1大匙、酒1/2大匙、白砂糖1/3大匙、胡椒粉1小匙、香油2小匙

做法 recipe
1. 将香菜洗净，在水中浸泡10分钟，捞起沥干水分，将香菜叶摘下，香菜茎切末备用。
2. 将大米洗净，沥干水分，放入电锅内锅中，加入1杯水，浸泡15分钟，再加入所有调味料拌匀，将蟹肉与香菜茎末铺在米上。外锅加1杯水，煮熟后再焖15分钟。
3. 打开锅盖，加入香菜叶与油炸花生仁，用饭匙略拌匀即可。

海鲜蒸饭

材料 ingredient
大米1杯、蛤蜊10个、虾仁10个、小章鱼1/2条、姜末1/2小匙、水1杯

做法 recipe
1. 将大米洗净，放入电锅内锅中，加1杯水浸泡（约米的8分满）备用。
2. 蛤蜊吐沙洗净，虾仁去肠泥洗净，章鱼洗净，切小块备用。
3. 将做法2的蛤蜊、虾仁、章鱼放入做法1的内锅中，再加入姜末稍微搅拌。
4. 内锅放入电锅中，外锅加1杯水，按下开关，蒸煮至熟。
5. 蒸饭起锅后依个人口味斟酌调味即可。

🍲 小常识
海鲜材料可依个人口味选择，但要注意如果海鲜本身就有水分，就要将蒸煮的水量减少以免饭变得黏稠软烂。

鲷鱼咸蛋菜饭

材料 ingredient

鲷鱼片·························· 200克
咸鸭蛋··························· 50克
生香菇片························ 20克
寿司米························· 100克
水························· 100毫升
小豆苗··························· 20克

做法 recipe

1. 寿司米洗好，咸鸭蛋去壳切半，备用。
2. 内锅放入寿司米和除小豆苗外的其余材料，放入电锅中，外锅加1杯水，按下开关，煮至开关跳起即可。
3. 放入小豆苗焖约1分钟。

 小常识

　　因为鲷鱼片煮时容易破碎，所以处理食材时，不要将鱼片切得太小，这样菜饭煮好后也较好看。

翡翠坚果菜饭

材料 ingredient

菠菜······························ 200克
南瓜籽··························· 10克
核桃······························ 10克
芹菜末··························· 5克
寿司米··························· 100克
水································ 100毫升

做法 recipe

1. 寿司米洗好，菠菜洗净切碎末备用。
2. 内锅放入寿司米、菠菜碎末和水，放入电锅中，外锅加1杯水，按下开关，煮至开关跳起。
3. 加入南瓜籽、核桃及芹菜末拌匀即可。

 小常识

坚果类的食材烤过后香气更浓郁，待电锅开关跳起，再放入烤过的坚果焖一下拌匀即可。

双色西蓝花饭

材料 ingredient
西蓝花100克、花菜100克、胡萝卜片50克、五谷米100克、水120毫升

做法 recipe
1. 五谷米洗好，泡约40分钟备用。
2. 内锅放入五谷米、花菜、胡萝卜片和水，放入电锅中，外锅加1杯水，按下开关，煮至开关跳起。
3. 加入西蓝花焖约5分钟至熟即可。

🍚 小常识
西蓝花洗净后，要尽量将菜梗切除，而且西蓝花也要切小朵，这样入锅烹煮时才容易煮熟。

燕麦小米饭

材料 ingredient
燕麦40克、小米40克、发芽米80克、水210毫升

做法 recipe
1. 将燕麦、小米、发芽米一起洗净，放入电锅内锅中。
2. 做法1中加入水浸泡约30分钟，放入电锅中，外锅加1杯水，按下开关，煮至开关跳起，再焖15~20分钟即可。

🍚 小常识
燕麦含丰富的膳食纤维，可以改善消化功能、促进肠胃蠕动，并改善便秘；但添加在米饭中，应该由少量开始慢慢添加，如果一次食用量太多，可能会胀气。

甜椒玉米菜饭

材料 ingredient
红甜椒丁20克、黄甜椒丁20克、甜玉米粒50克、寿司米70克、五谷米100克、水200毫升

做法 recipe
1. 五谷米洗好，泡约40分钟；寿司米洗好备用。
2. 内锅放入五谷米、寿司米和其余材料，放入电锅中，外锅加2杯水，按下开关，煮至开关跳起即可。

🍚 小常识
为了增加菜饭的丰富性，将五谷米和寿司米混合使用，只是煮菜饭时的水量要稍增加，因为煮五谷米需要的水量较多。

菠菜发芽米饭

材料 ingredient
菠菜100克、发芽米100克、胡萝卜15克、水110毫升

做法 recipe
1. 菠菜洗净切小段，用开水汆烫去涩后捞起沥干；胡萝卜洗净去皮切丝，备用。
2. 发芽米洗净后沥干水分，与做法1的菠菜段、胡萝卜丝拌匀，放入内锅中加水浸泡30分钟，外锅加1杯水，按下开关，煮至开关跳起，再焖10分钟即可。

🍚 小常识
菠菜含有丰富的营养素，可以补血、帮助消化，但因为含有草酸，会与钙结合成草酸钙累积在体内造成结石，不过草酸在高温下会被破坏减少，因此只要注意适量摄取就没问题。

红豆薏米饭

材料 ingredient

红豆·············· 40克
薏米·············· 40克
大米·············· 100克
水················ 180毫升

做法 recipe

1. 红豆用冷水（材料外）浸泡约4小时，至涨发后捞起沥干水分备用。
2. 将大米、薏米洗净，沥干水分，放入电锅内锅中，再加入水与做法1的红豆一起拌匀，放入电锅中，外锅加1杯水，按下开关，煮至开关跳起，再焖15~20分钟即可。

🍲 小常识

红豆和薏米都有利尿的作用，可以利水消肿，红豆更具有补血的功效，对于贫血的女性很有帮助。以这碗红豆薏米饭代替白米饭，可以消除水肿，让人气色红润。

桂圆红枣饭

材料 ingredient

桂圆肉·············· 40克
去核红枣··········· 20克
大米················ 160克
水················· 200毫升

做法 recipe

1. 去核红枣洗净，切小片备用。
2. 将大米洗净，沥干水分，放入电锅内锅中，再加入水、桂圆肉与做法1的红枣片一起拌匀，放入电锅中，外锅加1杯水，按下开关，煮至开关跳起，再焖15~20分钟即可。

🍲 小常识

桂圆有滋补、安神的功效，红枣富含蛋清质及维生素C，桂圆、红枣是健康温和的食补材料，非常适合女性在生理期时食用。

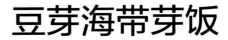

豆芽海带芽饭

材料 ingredient

黄豆芽70克、海带芽10克、糙米140克、水180毫升

做法 recipe

1. 黄豆芽、海带芽洗净备用。
2. 糙米洗净，沥干水分，与做法1的黄豆芽、海带芽一起放入电锅内锅中，拌匀后加入水，浸泡约20分钟，放入电锅中，外锅加1杯水，按下开关，煮至开关跳起，再焖15~20分钟即可。

🍚 **小常识**

海带芽热量非常低，爱美的女性多吃也不用担心发福，加上海带芽含有大量的胶质，是抵抗皮肤老化的优良食品。

海苔芝麻饭

材料 ingredient

红米50克、大米100克、海苔粉3克、白芝麻8克、水120毫升

做法 recipe

1. 红米用水（材料外）浸泡约1小时后沥干；白芝麻炒香，备用。
2. 大米洗净沥干水分，与做法1的红米拌匀放入电锅内锅中，加水浸泡约30分钟。外锅加1杯水，按下开关，煮至开关跳起，再焖10分钟。
3. 趁热撒上做法1的白芝麻及海苔粉拌匀即可。

🍚 **小常识**

芝麻除了可以帮助肠胃消化，更有丰富的维生素，可以让皮肤水嫩，头发乌黑亮丽，所以想要美丽别忘记摄取适量的芝麻。

茄子饭

材料 ingredient
茄子1根、肉泥3大匙、大米1杯、水1杯

调味料 seasoning
A. 酱油1大匙、白砂糖1/2大匙、盐1小匙、香油1/3大匙
B. 葱末1/2大匙、蒜末1/2大匙、辣椒末1/3大匙

做法 recipe
1. 茄子去蒂洗净，切成滚刀小片，浸泡在水中，煮时再捞起沥干水分备用。
2. 大米洗净，沥干水分，放入电锅内锅中，再加入1杯水浸泡20分钟，最后加入茄子片、肉泥及调味料A稍微拌一下。外锅加1杯水，按下开关。
3. 开关跳起后，先不要打开锅盖，让茄子饭焖20分钟后打开，加入调味料B，再用饭匙由下往上搅拌均匀即可。

胡萝卜饭

材料 ingredient
胡萝卜·················· 1根
糯米·················· 1杯
水·················· 1杯

调味料 seasoning
橄榄油·········· 1/2大匙
盐·················· 1小匙
白砂糖·········· 1/3大匙

做法 recipe
1. 糯米洗净，加水浸泡2小时备用。
2. 胡萝卜去皮洗净，用磨泥器磨成细泥备用。
3. 将胡萝卜泥及所有调味料加入做法1中，搅拌均匀，放入电锅内锅中，外锅加1杯水，按下开关，开关跳起后，先不要打开锅盖，让胡萝卜饭焖15~20分钟，再用饭匙由下往上搅拌均匀即可。

台式油饭

材料 ingredient

糯米	2杯
水（八分满）	2杯
干香菇	2朵
虾米	20克
肉丝	100克

调味料 seasoning

酱油	2大匙
白砂糖	1/2小匙
盐	1/2小匙
红葱酥	2大匙
白胡椒粉	1大匙
水	100毫升

做法 recipe

1. 干香菇泡水软化，洗净切丝；虾米泡水软化，洗净沥干，备用。
2. 糯米洗净沥干，放入电锅内锅，再加入2杯八分满的水，外锅加1杯水，盖上盖子，按下开关，开关跳起后焖5分钟取出，备用（见图1）。
3. 外锅加1/4杯水，放入另一内锅，盖上盖子，按下开关，待锅热时倒入少许油（见图2），放入香菇丝、虾米爆香，再加入肉丝拌炒至肉变白色，放入所有调味料煮开（见图3~4），将做法2的糯米饭倒入其中拌匀（见图5）。
4. 做法3的电锅外锅加1/4杯水，盖上锅盖，按下开关，待开关跳起，再焖5分钟即可。

注：家中若有2个电锅，可同时制作节省时间。

樱花虾米饭

材料 ingredient
长糯米…………… 300克
水……………… 280毫升
红葱末…………… 25克
樱花虾…………… 25克

调味料 seasoning
酱油……………… 20克
盐………………少许
白砂糖……………少许
白胡椒粉…………少许
开水……………… 2大匙
油……………… 3大匙

做法 recipe
1. 长糯米洗净沥干，放入电锅内锅中加水，外锅加1杯水，煮至开关跳起再焖一会。
2. 热锅放入3大匙色拉油，放入红葱末爆香，再放入樱花虾炒香取出。
3. 将其余调味料加入做法1的糯米饭中充分拌匀，最后放入做法2的樱花虾再蒸5分钟即可。

羊肉米饭

材料 ingredient
长糯米600克、羊肉片350克、姜片80克、水550毫升

调味料 seasoning
米酒80毫升、盐1/2小匙、鸡精1小匙、香油5大匙

做法 recipe
1. 长糯米洗净沥干，放入电锅内锅中，内锅加550毫升的水，外锅加1杯水，按下开关，煮至开关跳起，将糯米饭拌匀保温备用。
2. 热锅，转小火加入香油，爆香姜片，慢慢煸炒到姜片微焦，加入羊肉片拌炒，炒至羊肉变白后加入米酒、盐、鸡精炒匀。
3. 将蒸熟的糯米饭放入炒锅中，关火，将糯米饭、姜片与羊肉片拌匀。
4. 将做法3拌好的料放回电锅内锅中，外锅加1/2杯水，续蒸10分钟即可。

桂圆紫米饭

材料 ingredient
紫糯米200克、圆糯米200克、桂圆肉60克、枸杞子10克、水370毫升

调味料 seasoning
白砂糖80克、米酒50毫升

做法 recipe
1. 紫糯米洗净，沥干水分，加入冷水浸泡约6小时，备用。
2. 桂圆肉洗净，拭干水分，倒入米酒拌匀，泡30分钟，备用。
3. 圆糯米洗净，沥干水分，加入做法1的紫糯米，倒入材料中的水，放入电锅内锅中，外锅加1杯水，煮至开关跳起，焖约5分钟后加入做法2的桂圆肉、枸杞子、白砂糖拌匀。
4. 电锅外锅再加1/2杯水，煮至开关跳起即可。

红曲甜米饭

材料 ingredient
圆糯米·············· 300克
红曲米·············· 10克
水················· 300毫升
熟白芝麻··········· 10克
葡萄干·············· 30克

调味料 seasoning
米酒················· 1大匙
白砂糖·············· 70克

做法 recipe
1. 红曲米泡水1小时，沥干备用。
2. 圆糯米洗净沥干，放入做法1沥干的红曲米中拌匀。
3. 将做法2的材料放入电锅内锅中，外锅加1杯水，按下开关，煮至开关跳起再焖一下。
4. 加入白砂糖、米酒、葡萄干充分拌匀后，续蒸5分钟，最后撒上熟白芝麻即可。

白粥

材料 ingredient

大米·················· 1/2杯
水···················· 3.5杯

做法 recipe

1. 大米洗净沥干，放入电锅内锅中，再加入3.5杯水，移入电锅里。
2. 电锅外锅加2杯水，盖上锅盖，按下开关，煮至开关跳起即可。

吻仔鱼粥

材料 ingredient

米饭250克、吻仔鱼100克、葱末适量、蒜末20克、高汤650毫升

调味料 seasoning

盐1/4小匙、鸡精1/4小匙、米酒1小匙、白胡椒粉少许

做法 recipe

1. 吻仔鱼洗净，沥干水分备用。
2. 电锅外锅倒入1大匙油烧热，放入蒜末，以小火爆香至呈金黄色，盛出即为蒜酥。
3. 内锅中倒入高汤，放入米饭，加入做法1的吻仔鱼拌匀，再加入所有调味料，外锅洗净后加1/2杯水，放入内锅，盖上锅盖，按下开关，煮至开关跳起，最后加入葱末和做法2的蒜酥拌匀即可。

小米粥

材料 ingredient

小米······················ 100克
麦片······················ 50克
水······················ 1200毫升

调味料 seasoning

冰糖······················ 80克

做法 recipe

1. 小米洗净，泡水约1小时沥干水分备用。
2. 麦片洗净，沥干水分备用。
3. 将做法1、做法2的材料放入电锅内锅中，加水拌匀，外锅加1杯水，按下开关，煮至开关跳起，继续焖约5分钟，再加入冰糖调味即可。

🍚 小常识

　　如果是即食麦片，最好在小米煮好后再加入，外锅重新加少许水继续焖煮一下就好，也可以一开始就加入即食麦片，但是口感会更软、更糊一点。

排骨稀饭

材料 ingredient

大米······················ 1杯
排骨······················ 300克
香菇······················ 3朵
芋头······················ 1/3个
胡萝卜······················ 少许
葱花······················ 少许
水······················ 8杯

调味料 seasoning

盐······················ 1大匙
胡椒粉······················ 适量

做法 recipe

1. 将大米与排骨洗净，胡萝卜、香菇、芋头洗净，切大丁。
2. 所有材料放入电锅内锅，外锅加1杯水，按下开关，煮至开关跳起，再焖5分钟，加入调味料及葱花即可。

人参红枣鸡粥

材料 ingredient

鸡肉·······························400克
大米·······························1杯
姜丝·······························5克
水·······························1600毫升

药材 favoring

人参·······························10克
红枣·······························6颗

调味料 seasoning

盐·······························1.5小匙
白胡椒粉·······················1/4小匙

做法 recipe

1. 大米洗净，鸡肉洗净切块，放入开水
   中汆烫去血水，所有药材稍微清洗后
   沥干，备用。
2. 将所有材料、药材放入电锅内锅，外
   锅加1杯水，盖上锅盖，按下开关，
   煮至开关跳起，续焖30分钟，加入
   所有调味料拌匀即可。

排骨燕麦粥

材料 ingredient

综合燕麦·············· 150克
排骨··················· 500克
上海青················· 50克
姜······················· 2片
高汤·············· 2300毫升

调味料 seasoning

盐······················ 1小匙
鸡精·················· 1/2小匙
米酒···················· 1大匙

做法 recipe

1. 排骨洗净切块，放入滚水中汆烫至汤汁出现大量灰褐色浮沫，倒除汤汁再次洗净备用。
2. 上海青洗净，切小段备用。
3. 将做法1的排骨放入电锅内锅中，加入高汤、姜片和综合燕麦拌匀后，外锅加1杯水，按下开关，煮至开关跳起，继续焖约5分钟，开盖加入做法2的上海青拌匀，再以调味料调味即可。

银耳莲子粥

材料 ingredient

大米⋯⋯⋯⋯⋯⋯ 100克
莲子⋯⋯⋯⋯⋯⋯ 40克
银耳⋯⋯⋯⋯⋯⋯ 10克
枸杞子⋯⋯⋯⋯⋯ 5克
水⋯⋯⋯⋯⋯ 1200毫升

调味料 seasoning

黄冰糖⋯⋯⋯⋯⋯ 70克

做法 recipe

1. 银耳洗净，泡水约30分钟后沥干水分，撕成小朵备用。
2. 莲子和大米一起洗净沥干水分，枸杞子洗净沥干，备用。
3. 将莲子、银耳放入电锅内锅中，加水拌匀，外锅加1杯水，按下开关，煮至开关跳起，继续焖约5分钟，再加入大米拌匀，外锅再次加入1杯水煮至开关跳起，再焖5分钟，加入枸杞子和黄冰糖拌匀即可。

绿豆小薏米粥

材料 ingredient

大米50克、绿豆100克、小薏米80克、水1500毫升

调味料 seasoning

白砂糖120克

做法 recipe

1. 绿豆、小薏米洗净，泡水2小时，沥干备用。
2. 大米洗净，沥干备用。
3. 将做法1及做法2的所有材料放入电锅内锅中，加水拌匀，外锅加1杯水，按下开关，煮至开关跳起，继续焖约10分钟，再加入白砂糖调味即可。

 小常识

　　甜粥所用的糖其实并没有限定，白砂糖、冰糖或红糖都可以，如果想要香气浓则可以选择白砂糖；想要养生则可以使用冰糖或红糖，增加滋养功效。

燕麦甜粥

材料 ingredient

燕麦片150克、杏干30克、蔓越莓30克、蓝莓30克、巴旦木仁30克、水500毫升、牛奶100毫升

调味料 seasoning

白砂糖50克

做法 recipe

1. 蔓越莓、蓝莓洗净，巴旦木仁切块，备用。
2. 电锅内锅加入燕麦片、杏干及500毫升水并拌匀，外锅加1杯水，盖上锅盖，按下开关，煮至开关跳起，继续焖约5分钟，加入牛奶及白砂糖拌匀。
3. 起锅后加入做法1的材料即可。

🍚 小常识

除了新鲜水果，还可以用水果干与燕麦片同煮，口感适中又有水果的天然甜味。

红豆荞麦粥

材料 ingredient

荞麦	80克
大米	50克
红豆	100克
水	2500毫升

调味料 seasoning

白砂糖……………… 120克

做法 recipe

1. 荞麦洗净，泡水约3小时沥干水分备用。
2. 红豆洗净，泡水约6小时沥干水分备用。
3. 大米洗净，沥干水分备用。
4. 将做法1、做法2的材料放入电锅内锅中，加2500毫升水拌匀，外锅加1杯水，盖上锅盖，按下开关，煮至开关跳起，继续焖约5分钟，再加入做法3的大米拌匀，外锅再次加1杯水，煮至开关跳起，再焖约5分钟，加入白砂糖拌匀即可。

八宝粥

材料 ingredient

糙米	50克
大米	50克
圆糯米	20克
红豆	50克
薏米	50克
花生仁	50克
桂圆肉	50克
花豆	40克
雪莲子	40克
莲子	40克
绿豆	40克
水	1600毫升

调味料 seasoning

冰糖	50克
白砂糖	80克
绍兴酒	20毫升

做法 methods

1. 将糙米、花豆、薏米、花生仁、雪莲子一起洗净，泡水至少5小时后沥干；红豆洗净，用可以淹过红豆的水浸泡至少5小时后沥干，浸泡水留下备用。
2. 将大米、圆糯米、绿豆、莲子一起洗净沥干备用。
3. 将做法1的材料连同泡红豆水和做法2的材料一起放入电锅内锅中，加入1600毫升水和绍兴酒拌匀，外锅加2杯水，按下开关，煮至开关跳起，续焖约10分钟。
4. 桂圆肉洗净，沥干水分，放入做法3的内锅中拌匀，外锅再加1/2杯水，按下开关，煮至开关跳起，续焖约5分钟，最后加入冰糖和白砂糖拌匀即可。

红糖桂圆粥

材料 ingredient

糯米150克、桂圆肉50克、水1500毫升

调味料 seasoning

红糖200克

做法 recipe

1. 将糯米洗净备用。
2. 将所有材料放入电锅内锅中，外锅加1杯水，盖上锅盖，按下开关，煮至开关跳起，续焖10分钟后，拌入红糖即可。

小常识

红糖炖好后再拌入，最好使用粉状的红糖，如果是用块状的红糖，在一开始就加入，这样比较好溶化。此外，如果炖好后没有吃完，放久了的粥将水分吸收变成米糕状时，加入一点热水拌一拌，再加点红糖调整一下味道就可以了。

紫米莲子甜粥

材料 ingredient

紫米	1杯
新鲜莲子	1杯
水	6杯

调味料 seasoning

白砂糖 6大匙

做法 recipe

1. 紫米洗净，泡水2小时洗净沥干备用。
2. 在电锅内锅中，放入做法1的紫米及水。
3. 将做法2的内锅放入电锅中，外锅加2杯水，盖上锅盖，按下开关，煮至开关跳起。
4. 放入新鲜莲子，外锅再加2杯水，再盖上锅盖，按下开关，待开关再次跳起，加白砂糖调味即可。

甜点点心
一锅搞定
ELECTRIC POT

电锅做点心？没错！用电锅做点心，省时又方便，连蛋糕都能用电锅做！用电锅做出的蒸蛋糕，口感比烤的更软更嫩，而且可以减少油的用量，健康无负担。此外需要花时间炖煮的甜汤，也非常适合用电锅做。

红豆汤

材料 ingredient

红豆300克、白砂糖200克、水3000毫升

做法 recipe

1. 检查红豆，将破损的豆挑出。
2. 将做法1的红豆洗净，以冷水浸泡约半小时。
3. 取一锅，加入可淹过红豆的水，煮至滚沸，倒入做法2的红豆汆烫约30秒去涩味，捞起沥干水分。
4. 电锅内锅放入做法3的红豆，加3000毫升水，外锅加2杯水，按下开关，煮至开关跳起，再焖约10分钟，检查红豆外观是否松软绵密，如果红豆不够绵密，外锅再加水继续煮至软。
5. 在做法4的内锅中，加入白砂糖即可。

小常识

红豆熟透但又不过于软烂，就是好吃的第一步，所以泡水和烫豆步骤不能省略，切记泡水至少30分钟，并用滚水烫豆去除涩味才会好吃。

红豆汤圆汤

材料 ingredient

红豆·····················1杯
汤圆·····················5颗
水·····················1000毫升

调味料 seasoning

白砂糖·····················5大匙

做法 recipe

1. 红豆洗净加开水，盖上盖子，泡2小时后捞出，备用。
2. 电锅内锅中放入做法1的红豆及1000毫升水，外锅加1.5杯水，盖上锅盖，按下开关，待开关跳起后放入汤圆，盖锅盖焖煮20分钟，加白砂糖调味即可。

绿豆汤

材料 ingredient
绿豆…………300克
水…………3000毫升

调味料 seasoning
白砂糖………200克

做法 recipe
1. 将破损的绿豆挑出，其余放入水中洗净，除去表面的灰尘和杂质。
2. 在电锅内锅中，放入做法1的绿豆。
3. 在做法2的内锅中加3000毫升滚水。
4. 外锅加3杯水，盖上锅盖，按下开关。
5. 待开关跳起，加入白砂糖调味即可。

绿豆薏米汤

材料 ingredient
绿豆……………1杯
薏米……………1杯
水…………1500毫升

调味料 seasoning
白砂糖…………少许

做法 recipe
1. 绿豆、薏米洗净后，泡水20分钟沥干备用。
2. 在电锅内锅中，放入绿豆、薏米及1500毫升水。
3. 将做法2的内锅放入电锅中，外锅加2杯水，盖上锅盖，按下开关，待开关跳起，加白砂糖调味即可。

花生汤

材料 ingredient

花生仁……………… 300克
水………………… 2400毫升

调味料 seasoning

白砂糖……………… 100克

做法 recipe

1. 检查花生仁是否完好，把不好的挑出。
2. 挑好的花生仁洗净后用冷水泡约1小时，去除涩味及软化外皮，再捞出沥干，备用。
3. 电锅内锅中放入沥干的花生仁及400毫升水，外锅加2杯水，盖上锅盖，焖煮约1小时至软烂。
4. 在做法3的内锅中再加入2000毫升水及白砂糖，然后轻轻搅拌均匀。
5. 外锅续加4杯水，盖上锅盖，继续焖煮约2小时即可。

注：若花生仍不够软烂，外锅可再加水，焖煮至软。

牛奶花生汤

材料 ingredient

花生仁…………………2杯
水………………… 1500毫升
牛奶………………… 1/2杯

调味料 seasoning

白砂糖 …………… 6大匙

做法 recipe

1. 花生仁洗净，加热水盖上盖子，浸泡2小时，捞出沥干，备用。
2. 在电锅内锅中，放入做法1的花生仁及1500毫升水。
3. 将做法2的内锅放入电锅中，外锅加3杯水，盖上锅盖，按下开关，待开关跳起，加白砂糖及牛奶调味即可。

红枣炖南瓜

材料 ingredient
绿皮南瓜 …… 300克
红枣 …………… 5颗
水 ………… 600毫升

调味料 seasoning
白砂糖 ……… 1.5大匙

做法 recipe
1. 南瓜去皮、去籽，切块；红枣洗净，备用。
2. 将南瓜块、红枣、白砂糖和600毫升水放入电锅内锅中，外锅加1.5杯水，按下开关，煮至开关跳起即可。

花生仁炖百合

材料 ingredient
花生仁 ……………… 80克
干百合 ……………… 20克
水 ………………… 600毫升

调味料 seasoning
冰糖 ………………… 2大匙

做法 recipe
1. 花生仁泡水，放隔夜，取出洗净，沥干水分备用。
2. 干百合泡水1小时变软，洗净沥干水分备用。
3. 将做法1、做法2的材料、冰糖和600毫升水放入电锅内锅中，外锅加2杯水，盖上锅盖，按下开关，煮至开关跳起即可。

姜汁红薯汤

材料 ingredient

姜························· 100克
红薯························· 30克
水························· 800毫升

调味料 seasoning

黑糖························· 适量

做法 recipe

1. 姜洗净，去皮切块打汁；红薯去皮切块，备用。
2. 在电锅内锅中，放入做法 1 的红薯、姜汁及800毫升水。
3. 将做法2的内锅放入电锅中，外锅加1杯水，盖上锅盖，按下开关，待开关跳起，加黑糖调味即可。

🍲 小常识

姜汁红薯汤就是要加黑糖才对味，因为黑糖有一股浓郁却香甜的风味，非常适合与姜搭配。

芋头西米露

材料 ingredient

芋头························· 100克
西米························· 100克
水························· 1000毫升
椰奶························· 适量

调味料 seasoning

白砂糖························· 5大匙

做法 recipe

1. 芋头去皮切小丁，放入电锅内锅中。
2. 将做法1的内锅放入电锅中，加1000毫升水，外锅加1杯水，盖上锅盖，按下开关，待开关跳起，放入西米。
3. 外锅再加1/2杯水，盖上锅盖，按下开关，待开关再次跳起，加白砂糖及椰奶调味即可。

冰糖莲子汤

材料 ingredient

莲子200克、水1000毫升

调味料 seasoning

冰糖75克

做法 recipe

1. 莲子放入水中洗净，再泡入冷水中约1小时至微软，捞出备用。
2. 电锅内锅放入做法1的莲子、冰糖及1000毫升水。
3. 将做法2的内锅放至电锅内，外锅加4杯水，盖上锅盖，按下开关，煮约2小时即可（冰镇后食用风味更佳）。

🍲 小常识

　　莲子营养丰富，不过莲子心非常苦涩。选择莲子时，不妨直接买去心莲子，回家就可使用。或者买来自己处理，处理的方法很简单：莲子泡好水后，用牙签直接从莲子尾端穿过，就可把莲子心剔除。

枸杞桂圆汤

材料 ingredient

桂圆肉··········· 50克
枸杞子··········· 20克
水··········· 1000毫升

调味料 seasoning

白砂糖··········· 适量

做法 recipe

1. 桂圆肉洗净，枸杞子洗净沥干，备用。
2. 电锅内锅放入桂圆肉、枸杞子及1000毫升水。
3. 将做法2的内锅放入电锅中，外锅加2杯水，盖上锅盖，按下开关，待开关跳起，加白砂糖调味即可。

紫山药桂圆甜汤

材料 ingredient

紫山药	100克
桂圆干	30克
红枣	10颗
水	800毫升

调味料 seasoning

白砂糖	3大匙

做法 recipe

1. 紫山药洗净，去皮切块，桂圆干、红枣泡水洗净，备用。
2. 在电锅内锅中，放入做法1的紫山药块、桂圆干、红枣及800毫升水。
3. 将做法2的内锅放入电锅中，外锅加1杯水，盖上锅盖，按下开关，待开关跳起，加白砂糖调味即可。

银耳红枣桂圆汤

材料 ingredient

银耳	30克
红枣	10颗
桂圆	50克
水	1000毫升

调味料 seasoning

冰糖	75克

做法 recipe

1. 银耳泡水至发软，剪去硬蒂后，用手撕成小块，备用。
2. 红枣、桂圆用清水洗净备用。
3. 电锅内锅放入做法1、做法2的材料，再加1000毫升水及冰糖，外锅加4杯水，盖上锅盖，按下开关，煮约2小时即可（冰镇后食用风味更佳）。

糯米百合糖水

材料 ingredient

圆糯米…………80克
干百合…………20克
水………… 800毫升

调味料 seasoning

白砂糖……… 2大匙

做法 recipe

1. 圆糯米洗净，泡水2小时，沥干水分备用。
2. 干百合洗净，泡水1小时变软，沥干水分备用。
3. 将做法1、做法2的所有食材、白砂糖和800毫升水，放入电锅内锅中，外锅加1.5杯水，盖上锅盖，按下开关，煮至开关跳起即可。

百合莲枣茶

材料 ingredient

新鲜莲子20克、新鲜百合15克、枸杞子5克、红枣5克、水600毫升

调味料 seasoning

冰糖1大匙

做法 recipe

1. 将新鲜莲子去心，再与新鲜百合一起用开水氽烫1分钟，捞起后沥干水分备用。
2. 将枸杞子与红枣略为清洗后用开水氽烫30秒钟，捞起后沥干水分备用。
3. 将做法1与做法2氽烫好的材料放入电锅内锅中，加入600毫升水及冰糖，外锅加1杯水，盖上锅盖，按下开关，煮30分钟即可。

红薯年糕甜汤

材料 ingredient

红薯······················2个
红枣······················ 6颗
甜年糕····················· 150克
水······················· 800毫升

做法 recipe

1. 红薯洗净，去皮切块，红枣泡水洗净，甜年糕切小块，备用。
2. 将红薯块、红枣及800毫升水放入电锅内锅，外锅加1杯水，盖上锅盖，按下开关，待开关跳起，加入年糕块焖一下即可。

🍲 小常识

　　甜年糕是南方人过年不可少的食物，与红薯一起煮成甜汤，简单又温暖，只是要注意年糕本身是熟的，不可久煮，只要焖一下即可。

冰糖炖雪梨

材料 ingredient

雪梨600克、水800毫升

调味料 seasoning

冰糖100克

做法 recipe

1. 雪梨洗净去皮备用。
2. 将所有材料与冰糖放入电锅内锅中，外锅加1/2杯水，盖上锅盖，按下开关，待开关跳起，续焖10分钟即可。

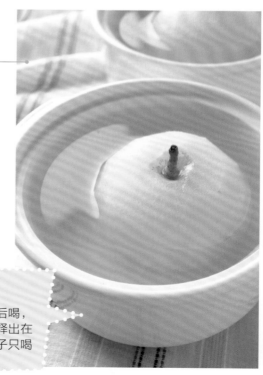

🍲 小常识

　　这是滋养喉咙的甜汤，温热饮用或是冰镇后喝，风味都绝佳。炖煮后的梨子因为味道已经完全释出在汤中，所以吃起来没有什么味道，可以丢弃梨子只喝汤汁，因此梨子切不切块都可以。

菠萝银耳羹

材料 ingredient

罐头菠萝········ 1罐
银耳··········· 30克
红枣··········· 10颗
水·········· 800毫升
枸杞子·········· 10克

做法 recipe

1. 银耳泡水软化，再用果汁机打碎备用。
2. 在电锅内锅中，放入做法1的银耳碎、红枣、枸杞子及800毫升水。
3. 将做法2的内锅放入电锅中，外锅加1杯水，盖上锅盖，按下开关，待开关跳起，加罐头菠萝（含汤汁）即可。

小常识

利用罐头菠萝汤汁的甜味来调味就足够，但是如果喜欢甜味重一点的，可以再添加适量的糖调味。

酒酿汤圆

材料 ingredient

汤圆·········· 100克
酒酿·········· 100克
鸡蛋·············· 2个
水········ 2500毫升

调味料 seasoning

白砂糖········ 2大匙

做法 recipe

1. 电锅内锅加2000毫升水，外锅加1杯水煮至蒸汽散出，放入汤圆，待汤圆浮上水面后捞出，备用。
2. 做法1的内锅洗净，加入500毫升水、酒酿、白砂糖，外锅加1/2杯水，煮至蒸汽散出。
3. 将蛋打入小碗中，打散备用。
4. 将煮好的汤圆放入做法2的内锅中，再将做法3打散的蛋液慢慢淋至锅中即可。

糖水豆花

材料 ingredient
无糖豆浆800克、胶冻粉20克、水800毫升

调味料 seasoning
白砂糖100克、焦糖浆少许

做法 recipe
1. 将无糖豆浆放入电锅内锅，外锅加1杯水，煮至开关跳起，加入胶冻粉并不断地搅拌至胶冻粉完全溶解，取出内锅放凉，凝结后即为豆花。将豆花盛入盘中，备用。
2. 电锅内锅洗净后加入800毫升水煮开，再加入白砂糖，等白砂糖完全溶化后加少许焦糖浆拌匀，即为糖水。
3. 将糖水淋入做法1的盘中即可。

🍚 小常识
白砂糖、绵白糖均适用，胶冻粉可用果冻粉取代。

冰糖炖木瓜

材料 ingredient
未熟透木瓜 ………… 1/2个
水………………… 500毫升

调味料 seasoning
冰糖………………… 1.5大匙

做法 recipe
1. 木瓜去皮、去籽、切块备用。
2. 将做法1的木瓜块、冰糖和500毫升水放入电锅内锅中，外锅加1杯水，按下开关，煮至开关跳起即可。

黑糖糕

材料 ingredient

低筋面粉	63克
淀粉	16克
黑糖蜜	63克
色拉油	32克
全蛋	111克
小苏打	3克
水	11毫升
熟芝麻	少许

做法 recipe

1. 将低筋面粉及淀粉一起过筛至容器中备用。
2. 将黑糖蜜、色拉油、全蛋加入做法1的材料中搅拌均匀。
3. 将小苏打溶入水中，再加入做法2的面糊中拌匀。
4. 将面糊倒入电锅内锅中，外锅加2杯水，按下开关，蒸至开关跳起。
5. 撒上熟芝麻增添香气即可。

肉松咸蛋糕

材料 ingredient

蛋白110克、白砂糖120克、低筋面粉100克、泡打粉1小匙、色拉油2大匙、肉松4大匙、葱花30克

做法 recipe

1. 取一干净容器，放入蛋白，用打蛋器打至起泡后再加入白砂糖继续打至湿性发泡。
2. 将低筋面粉与泡打粉一起过筛至做法1的容器中，搅拌均匀后再加入色拉油拌匀。
3. 将做法2的面糊倒入蒸盘中，再均匀撒上肉松、葱花装饰。
4. 电锅外锅加2杯水，放入蒸架，盖上锅盖，按下开关，待水烧开后打开锅盖，放入蒸盘，再盖上锅盖蒸25分钟后关火，取出蛋糕即可。

 小常识

　　湿性发泡：蛋白或鲜奶油打起粗泡后加糖搅打至有纹路且雪白光滑，拉起打蛋器时有弹性挺立但尾端稍弯曲。

大理石发糕

材料 ingredient

A. 低筋面粉········· 70克
　粘米粉 ··········· 70克
　泡打粉·············· 4克
B. 水 ················· 112克
　白砂糖 ··········· 70克
　巧克力酱··········少许

做法 recipe

1. 材料A过筛（见图1），倒入水和白砂糖，搅拌至白砂糖完全溶匀成原味面糊（见图2），备用。
2. 将做法1的面糊静置约20分钟后，依序装入杯模中约八分满，备用。
3. 在做法2的杯模中挤上巧克力酱，以竹签划出线条（见图3）。
4. 电锅外锅加1杯水，放入蒸架，按下开关，待水蒸气冒起后放入做法3的杯模蒸至面糊熟透即可。

注:
1. 判断发糕是否熟透可以插入竹签，若竹签上没有沾上面糊就代表熟透了。
2. 调好的面糊要静置约20分钟，让里面的原料更紧密地融合在一起，这样当加入某些香料如抹茶粉等时，会让原料的香气彻底渗透。

小常识

除了买发糕粉等调制好的预拌粉，其实只要用低筋面粉和粘米粉，以1：1的比例使其混合均匀即可。（大理石发糕去掉巧克力酱，就是原味发糕。）

抹茶红豆发糕

材料 ingredient

A. 低筋面粉……90克
粘米粉………95克
抹茶粉 ………6克
泡打粉 ………5克
B. 水…………153克
白砂糖 ……114克
蜜红豆………30克

做法 recipe

1. 材料A过筛，倒入水和白砂糖，搅拌至白砂糖完全溶匀成抹茶面糊，备用。
2. 将做法1的面糊静置约20分钟后，依序装入杯模中约八分满，撒上蜜红豆备用。
3. 电锅外锅加1杯水，放入蒸架，按下开关，待水蒸气冒起后放入做法2的杯模，蒸至面糊熟透即可。

金黄乳酪发糕

材料 ingredient

A. 低筋面粉100克、粘米粉108克、奶酪粉4克、金黄乳酪粉4克、泡打粉6克
B. 水172毫升、白砂糖128克、火腿1片、乳酪少许

做法 recipe

1. 火腿和乳酪切丁，备用。
2. 材料A过筛，倒入水和白砂糖搅拌均匀，静置约20分钟，备用。
3. 将做法2的面糊依序装入杯模中约八分满，撒上做法1的火腿丁和乳酪丁，备用。
4. 电锅外锅加1杯水，放入蒸架，按下开关，待水蒸气冒起后放入做法3的杯模蒸至面糊熟透即可。

 小常识

金黄乳酪粉可在烘焙材料店购得，也可以用一般奶酪粉取代，但是色泽会比金黄乳酪粉淡许多。

马拉糕

材料 ingredient

A. 低筋面粉110克、吉士粉10克
B. 白砂糖110克
C. 鸡蛋2个、鲜奶30毫升、色拉油45毫升
D. 泡打粉5克、水25毫升

做法 recipe

1. 材料A一起筛入容器中，加入材料B拌匀。
2. 将鸡蛋打入做法1的容器中，用打蛋器拌匀后，加鲜奶搅拌至白砂糖完全溶解，再加入色拉油拌匀。
3. 将泡打粉与水调匀，加入做法2的面糊中，用刮刀仔细拌匀，然后倒入杯模中静置20分钟。
4. 电锅外锅加4杯水，盖上锅盖，按下开关，等水蒸气冒起后放入做法3的杯模，蒸至开关跳起，取出放凉即可切块。

🍲 小常识

做法4中，放入面糊后蒸至开关跳起，中途绝对不可将锅盖打开，否则马拉糕就无法发起来。

葡萄干布丁

材料 ingredient

吐司4片、牛奶400毫升、鸡蛋3个、白砂糖5大匙、香草粉少许、玉米粉1大匙、布丁模型5个、葡萄干3大匙、巧克力酱1大匙、黄油适量

做法 recipe

1. 切除吐司的硬边，再切成小块放一容器中，倒入牛奶浸泡；布丁模型中涂上黄油，备用。
2. 用打蛋器将做法1的吐司搅碎，加入玉米粉、白砂糖、香草粉搅拌均匀，再打入鸡蛋搅拌均匀，即成布丁液。
3. 将葡萄干放入做法1的布丁模型中，再将做法2的布丁液倒入模型中备用。
4. 电锅外锅加2杯水，放入蒸架，盖上锅盖，按下开关，待水煮开蒸汽冒出后，放入做法3的模型，再盖上锅盖，但留点缝隙。
5. 按下开关，大约蒸25分钟，取出模型将布丁倒扣出来，淋上巧克力酱即可。

杏仁水果冻

材料 ingredient

杏仁露4汤匙、鲜奶300毫升、琼脂粉约10克、凉开水50毫升、细冰糖200克、芒果丁适量、猕猴桃丁适量、开水3杯

做法 recipe

1. 琼脂粉与少许细冰糖混合后倒入凉开水中搅拌均匀，备用。
2. 电锅外锅加3杯开水，按下开关，倒入做法1的材料及其余细冰糖，用汤勺不断搅拌，待细冰糖溶解后关开关，用滤网过滤备用。
3. 待做法2的材料稍冷后加入杏仁露、鲜奶拌匀，倒入杯模中，待完全冷却后放入冰箱冷藏，食用前加入芒果丁、猕猴桃丁即可。

小常识

依个人喜好于杏仁冻上加入各式的水果丁，便是很适合夏天的清爽点心。

薄荷香瓜冻

材料 ingredient

薄荷汁200毫升、薄荷酒15毫升、香瓜汁600毫升、吉利丁粉20克、白砂糖100克、琼脂粉3克、开水1杯、凉开水30毫升

做法 recipe

1. 琼脂粉与凉开水拌匀备用。
2. 吉利丁粉与白砂糖搅拌均匀备用。
3. 电锅外锅加1杯开水，按下开关，放入做法1的材料，不停搅拌约2分钟至琼脂粉煮化，加做法2的材料，一直搅拌至呈果冻状时关掉开关，倒入薄荷汁、薄荷酒、香瓜汁拌匀，再倒入杯模中，待稍凉时，放入冰箱冷藏即可。

小常识

吉利丁粉一定要和白砂糖先拌匀后再加入开水中，才不会结块。

麻糬

材料 ingredient

A. 糯米粉⋯⋯⋯⋯ 300克
　 水⋯⋯⋯⋯⋯ 150毫升
　 白砂糖⋯⋯⋯⋯ 55克
B. 澄粉⋯⋯⋯⋯⋯ 40克
　 开水⋯⋯⋯⋯⋯ 30毫升
C. 熟猪油⋯⋯⋯⋯ 55克
D. 豆沙⋯⋯⋯⋯⋯ 500克
　 椰子粉⋯⋯⋯⋯ 300克
　 葡萄干⋯⋯⋯⋯ 20颗

做法 recipe

1. 将材料A混合揉匀，材料B的开水冲入澄粉中，将澄粉烫熟后，倒入材料A中一起揉匀，再加入材料C，一起揉至表面光滑，即成糯米皮（见图1）。
2. 将做法1的糯米皮分成每份约30克，每个包入约25克的豆沙（见图2）。
3. 取一盘，盘面抹油防止粘连，放入做法2包好的麻糬。
4. 电锅外锅加1杯水，放入蒸架，按下开关，待水蒸气冒出后，放入做法3的盘子，盖上锅盖，按下开关。
5. 待开关跳起，取出麻糬趁热粘上椰子粉，再放上葡萄干即可（见图3~4）。

1

2

3

4

绿豆雪糕

材料 ingredient

A. 绿豆仁400克、红豆沙200克
B. 白砂糖380克、水麦芽100克、色拉油120
毫升、盐3克

做法 recipe

1. 绿豆仁洗净，泡冷水6～8小时。
2. 将做法1的绿豆仁取出沥干，放入电锅内锅中，外锅加2.5杯水，以大火蒸至少30分钟至熟。
3. 做法2的绿豆仁蒸熟后，趁热加入材料B混合拌匀成绿豆馅。
4. 待做法3的绿豆馅完全凉后，取绿豆馅20克，包入红豆沙5克，压入模中成型，冷藏保存即可。

🍚 小常识

检验绿豆仁有没有蒸熟的方法：蒸20～30分钟，打开锅盖，拿点绿豆仁用手一压，若呈粉状，就表示绿豆仁已经蒸熟。

西米水晶饼

材料 ingredient

西米……………… 50克
水………… 300毫升
白砂糖………… 50克
澄粉………… 150克
红豆沙馅…… 300克

做法 recipe

1. 水烧开，加入西米以小火慢煮，不时搅拌避免烧焦，煮至西米呈透明状，加入白砂糖。
2. 一边搅拌做法1的西米，一边慢慢倒入澄粉，并搅拌使粉不致结为粉粒。
3. 将双手沾上适量澄粉（材料外），避免粘连，将做法2的西米揉匀成面团。
4. 做法3的面团均分成每个约30克，分别将面团用手压成扁圆状，包入红豆沙馅约20克，捏紧包成圆形，依次放入蒸盘中。
5. 电锅外锅加1杯水，按下开关，待水蒸气冒出后，放入蒸盘蒸约10分钟即可。

窝窝头

材料 ingredient

玉米粉……………200克
黄豆粉……………50克
低筋面粉…………50克
白砂糖……………100克
泡打粉……………5克
无盐黄油…………20克
70 ℃热水 ……150毫升

做法 recipe

1. 将玉米粉、黄豆粉、低筋面粉及白砂糖混合后，冲入70 ℃热水揉匀，再加入无盐黄油及泡打粉揉至均匀。
2. 将做法1的面团分成20等份，捏成中空的圆锥形，放入蒸笼中。
3. 电锅外锅加1.5杯水，按下开关，待水蒸气冒出后，放入蒸笼蒸20分钟即可。

港式萝卜糕

材料 ingredient

A. 白萝卜600克、粘米粉300克、澄粉30克、腊肉150克、海米100克、葱酥少许、水900毫升、油3大匙

B. 蚝油3大匙、盐1大匙、白胡椒粉1/2大匙

做法 recipe

1. 腊肉洗净切末；白萝卜洗净去皮后擦成细丝；海米用热水泡软，捞出沥干水分后切末；粘米粉与澄粉放入碗中，加入400毫升水调匀成米浆备用。

2. 电锅内锅倒入3大匙油烧热，放入腊肉末、海米末爆香后盛出，接着放入萝卜丝，以中火炒软，加入材料B与500毫升水焖煮5分钟，再将米浆分次倒入锅中，以小火边煮边搅拌至糊状后，加入约3/4炒好的腊肉末和海米末拌匀，即成萝卜糕糊。

3. 将萝卜糕糊倒入刷过油的模具中，压实后抹平表面，撒上剩余的腊肉末、海米末及葱酥，再放入电锅中，外锅加3杯水，蒸约40分钟即可。

红豆年糕

材料 ingredient

红豆…………　100克
糯米粉………　300克
白砂糖………　300克
黑糖…………　20克
水…………　600毫升

做法 recipe

1. 红豆洗净，在300毫升的水中浸泡约6小时，放入电锅内锅中，外锅加2.5杯水，按下开关，煮至开关跳起，再焖10分钟，加入白砂糖和黑糖拌匀。

2. 糯米粉加300毫升水拌匀，再加入做法1的内锅中拌匀备用。

3. 取模具，底部铺上玻璃纸，倒入做法2的材料，放入电锅内锅中，外锅加4杯水，按下开关蒸1小时即可。